離散数学「数え上げ理論」

「おみやげの配り方」から「Nクイーン問題」まで

野﨑昭弘 著

カバー装幀／芦澤泰偉事務所
カバー・本文イラスト／ヨシタケシンスケ
目次・本文図版／さくら工芸社

## はじめに ──「数え上げ理論」とは何か

　久しぶりに遊びにきた6歳の孫娘に，2つのことでコテンパンにやられてしまった。ひとつは鬼ごっこで，「70歳を過ぎてからするものではない」と悟った（もちろん私の場合である）。

　もうひとつはトランプの「神経衰弱」（に似た，記憶力がものをいうゲーム）で，じじ，ばばともにまるで歯が立たなかった。この年頃の子どもは，眼に見えているものを，写真に写すように記憶できるのだそうで，「だいたい」しか覚えていない年寄りが，勝てるわけがない。

　子どものそういう能力は，文明社会ではほとんどの場合，年齢が高くなるにつれて失われてしまう。代わりに発達するのが「抽象的な言語表現能力」らしい。たとえば駅から自宅までの道順を

　　　正面の道を右に行って，

　　　交番のある角を左に曲がり，……

というように「どうでもいい詳細を無視（捨象）し，要点だけ抽出して表現する」のは，文明国の大人なら誰でもやっている，抽象化の第一歩である。

　文明人のこの能力をさらにレベルアップするには，適度に抽象的な問題を考えてみるのがいちばんであろう。そのためのよい問題として，私が思いついたのが

　　　「ありうる可能性」を数える問題

である。たとえば子どもの誕生パーティでの,

「各自が持ち寄ったプレゼントを,くじ引きで交換する」

という企画について考えてみよう。誰かが「自分が持ってきたプレゼントに当たってしまう」のはかわいそうであるが,準備なしに(無作為に,自由に)くじを引かせて,

「誰も自分のプレゼントに当たらない」

割合は,どの程度だろうか? それが80%以上なら,自由にくじを引かせてもいいかも知れないが,40%にも満たないのだとすれば,あらかじめ何かの策を講じておいた方がいいに違いない。

このような問いに正しく答えるためには,そもそも「プレゼントの当たり方が何通りあるか」と,そのうち「誰も自分のプレゼントに当たらない場合」の数を数えなければならない。そのような問題に対処するために,古くから「数え上げ理論」(Counting Theory)と呼ばれる分野が育てられてきた。

その結果,たとえば「世にもふしぎなウサギの増え方」から導入された「フィボナッチ数」が,自然界のあちこちで実際に観察されることがわかったほか,驚くべき公式がいくつも発見された(あとでそのひとつを紹介する)。

ところで17世紀以降,数学は「連続的な量の変化」を扱う微分積分学(解析学)を中心に発展してきた。しかし20世紀に,すべての情報を「0と1」の組合せで表すコンピュータが普及してから,「0と1」のような離散的な量(中間がない,とびとびの量)を扱う離散数学の重要性が見直されてきた。

数え上げ理論は，古典的な整数論・現代的な組合せ論（グラフ理論を含む）と並んで，その離散数学の大きな柱になっている。だから数え上げ理論は，モダンな数学を垣間見る入り口としても，おもしろい位置にある。

　その一方で数え上げ理論は，日常的な問題とかかわりが深く，

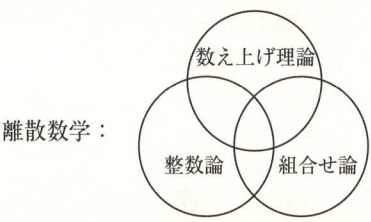

離散数学：

高校生の言葉を借りれば「ああ，そうなんだ」とナットクできること，「へー，すげー」と驚くような話題が豊富である。そこで前置きはこのくらいにして，さっそく具体的な問題の紹介から始めることにしよう。

　ここでは，抽象化の能力を高めるために，まず予備知識なしで取り組める具体的な問題でトレーニングを積み（第1部：むずかしい理論を使わなくても答の出る問題を集めてある），続いて理論の世界をのぞいてみる（第2部）。第2部では，包除原理，差分方程式，母関数の理論，そしてフロベニウスの定理と，いくつかのしゃれた道具にも触れられるはずである。

　数え上げ理論の入り口に，ようこそいらっしゃいました。読者の皆さんはここで，離散数学の中核を知ることとあわせて，「抽象化の力」，「考える力」をみがいていただけると思う。

━━━━━━━━━━━━━━━━ もくじ ━━━━━━━━━━━━━━━━

はじめに──「数え上げ理論」とは何か　*5*

## 第1部　数え上げ問題
──分割数、フィボナッチ数、カタラン数 ………… *11*

## 第1章　並べ方を数える ………… *12*
### 1.1　おみやげの配り方は何通り？　*12*
### 1.2　確率の問題　*15*
　コラム　当たる確率はいつでも $\frac{1}{2}$？　*27*
### 1.3　紅茶の分け方　*28*
　　紅茶を分ける　*28* ／問題の一般化　*34* ／
　　違うおみやげを全部分ける　*38* ／
　　「1対1の対応」ということ　*41* ／
　　あみだくじと逆対応の術　*46*

## 第2章　選び方を数える ………… *50*
### 2.1　誰にあげるか？　*50*
### 2.2　順列（並べ方）と組合せ（選び方）　*55*
### 2.3　組合せの基本公式の、いろいろな応用　*60*
　　碁石の並べ方　*60* ／同じおみやげの配り方　*64*

## 第3章　道順を数える ………… *71*
### 3.1　道順の数　*71*
　　素朴な解法　*72* ／エレガントな解法　*76* ／
　　エレガントなエレファント　*78*
　コラム　二項定理　*84*
### 3.2　パスカル式「地図」の、確率への応用　*85*
　　勝ち負けの確率　*85* ／確率計算の実際　*92*

## 第4章　分割の仕方を数える ……………… 103
4.1　袋詰めの仕方　*103*
4.2　条件つき分割数　*115*
4.3　オイラーの定理の拡張　*121*

## 第5章　増えてゆくものを数える ……………… 124
5.1　増えてゆくねずみ　*124*
　　曾呂利新左衛門とねずみ算　*124* ／
　　「成長率一定」の恐ろしさ　*126*
5.2　増えてゆくウサギ　*129*
　　フィボナッチの問題　*129* ／
　　フィボナッチ数とその増え方　*131* ／
　　あちこちに現れるフィボナッチ数　*134*
5.3　増えてゆく「文の解釈の仕方」　*137*
　　分かち書きの増え方　*137* ／構文解釈の増え方　*138* ／
　　制限された地図と、カタラン数　*141* ／
　　カタラン数の応用　*146* ／カタラン数の閉じた公式　*157* ／
　　カタラン数の増え方　*160*

# 第2部　数え上げ理論の三種の神器
　　──包除原理、差分方程式、母関数の理論 ……………… 163

## 第6章　プレゼント交換と包除原理 ……………… 164
6.1　あわせて何人？　*164*
6.2　プレゼント交換がうまくいく確率　*171*
6.3　みんなに洩れなくあげるには　*180*

## 第7章　賭博と差分方程式 ……………… 189
7.1　賭博と期待値　*189*

- 7.2 賭博と必勝法 *195*
- 7.3 とことん賭け続けると、どうなるか？ *203*
  - 公平な賭けの行く末 *203* ／ 不公平な賭けの行く末 *207*
- 7.4 フィボナッチ数再訪 *214*

# 第8章　自然数の和と母関数 …… *217*
- 8.1 幾何学の透明性 *218*
  - 奇数の和は「正方形」 *218* ／
  - 自然数の和の、2倍は「長方形」 *219* ／
  - 平方数の和の、3倍は「長方形」 *220* ／
  - 立方数の和は、「正方形」 *223*
- 8.2 代数学の一般性 *227*
- 8.3 解析学のパンチ力 *231*
- 8.4 自然数の和と母関数 *238*
  - まとめて数える、母関数 *238* ／ 無限和の積の計算 *242* ／
  - 自然数の $k$ 乗和と母関数 *244*

# 第9章　$N$クイーン問題と群論 …… *252*
- 9.1 $N$クイーン問題とは *252*
  - パズル「8クイーン」 *252* ／ $N$クイーン問題 *253* ／
  - 「本質的に異なる解」について *258*
- 9.2 解と変換群 *260*
  - 問題の解の数学的表現 *260* ／
  - 回転と裏返し——解の「変換」 *264*
- 9.3 本質的に異なる解を数える *273*

おわりに *280*

さくいん *283*

# 第1部　数え上げ問題
## —— 分割数, フィボナッチ数, カタラン数

　ここで扱うのは「可能性を数える問題」である。いずれも予備知識なしで取り組めるものを選び，まずは例題として「おみやげの配り方は何通り？」から始めて，その考えがすぐ役に立つ確率計算をとりあげ，それから一般的な順列・組合せへと話が発展していく。目玉は分割数，フィボナッチ数，カタラン数と3つもあって（3つ目小僧？），盛りだくさんであるが，「数える」ことのおもしろさがあちこちにちりばめられている。

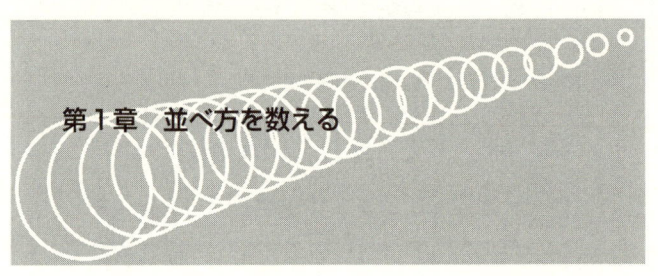

# 第1章 並べ方を数える

ここではいわゆる「順列」を扱う。ありうる可能性を上手に数えるための「考え方のコツ」と,結果を書き表すのに便利な「階乗」の記法,それに強力な武器「1対1の対応」を解説する。

## 1.1 おみやげの配り方は何通り？

目の前のものを数えるのは,小学生でもできる。しかし「ありうる可能性」を数えるのだと,大学生でもできないことがある。簡単な例として,「おみやげの配り方」を考えてみよう。中には手ごわい問題もあるので,まずはひととおり眺めていただくだけでよい。

例題1-1 イギリスで買った,種類が違う紅茶の缶が4つある。これを4人の友人に1つずつ分けたい。何通りの分け方があるか？

例題1-2 フランスで買った,同じフォアグラの缶が4つある。これを6人の友人の誰かに1つずつ分けたい。何通りの分け方があるか？

第1章 並べ方を数える

例題1-3 イタリアで買った，柄の違うスカーフが6枚ある。これを全部，4人の友人に分けたいが，何通りの分け方があるか？ ただし，不公平になるのは仕方ないが，誰にも少なくとも1枚はあげるとする。

例題1-4 ロシアで買った8組の同じトランプを，適当に分けていくつかの袋に入れる。不公平でもよいとすると，何通りの分け方があるか？ ただし袋は，数は十分（8つ以上）あるが，どれも同じで区別がつかないとする（どの袋に入れるかは，問題にしない）。

これらの例題は，いろいろな方向に発展させられる。たとえば例題1-1からは，次のような問題が派生する。

例題1-1A あなたが「もらう友人」の一人だとして，好きな種類の紅茶が1つあるとしよう。
（ア）紅茶は中身が見えない袋に入れてある。好きな袋を選んでよいと言われたが，「好きな紅茶」に当たる確率はどれくらいか？
（イ）4人の友人が，1人ずつ順番に袋を1つ取ることになった。好きな紅茶を当てるためには，最初に取るのと最後に取るのとで，有利・不利の差はあるか？
（ウ）別の種類の紅茶が好きな友人がいたので，「あなたの好きな紅茶に当たったら交換しよう」と約束した。好きな紅茶が手に入る確率は，どれくらいか？

(エ)(ウ)と同じ状況で,「どちらか一人でも,相手の好きな紅茶に当たったら交換しよう」と約束した。好きな紅茶が手に入る確率は,どれくらいか?

例題1-1B 種類の違う4つのおみやげを,3人の友達に全部分けたい。個数が違うのは仕方ないが,「1つももらえない人が**いない**」ような分け方は,何通りあるか?

例題1-4 のように「8つの同じおみやげを,いくつかの(区別できない)袋に分けて入れる」問題については,こんな条件も考えられる。

例題1-4A (奇数個への分割)「偶数個は縁起が悪い」という人がいるので,どの袋にも奇数個のおみやげを入れることにした。何通りの入れ方があるか?

例題1-4B (異なる数への分割)「差をつけてくれ」という人がいるので,どの袋にも違った数のおみやげを入れることにした。何通りの入れ方があるか?

ここからさらに,次の問題が派生する。

例題1-4C 8個のおみやげについては,「奇数個への分割が何通りか」の答と「異なる数への分割が何通りか」の答は一致する。じつはおみやげの個数は8個に限らず,13個でも27個でも,100万個でも,これらの答は必ず一致する。**なぜだ**

ろうか？

「奇数個への分割が何通りあるかと，異なる数への分割が何通りあるかとは，いつでも一致する」という事実は，18世紀の偉大な数学者，レオンハルト・オイラーが1748年にはじめて証明した，といわれている。本書ではいずれ，皆さんが自力でこれを確かめられるように，少しずつ説明を進めていきたい。

## 1.2 確率の問題

例題1-1 より，そのあとの例題1-1A の方がおもしろいので，そちらから始めよう。

こういう問題を解くときに，いろいろな考え方，あるいは習慣があるように思われる。ある人は，「何かうまい方法があるはずだ」と教科書を読み返したり，インターネットで探したりする。また別の人は，「よくわからないが，ともかく手を動かして，考えてみよう」とする。たしかにこれは「公式」を知っていればすぐに解ける問題ではあるが，じつはお勧めしたいのは，あとのやり方である。自力で答を発見できればその方がうれしいし，頭に残る。またこれくらいの問題なら予備知識がなくても，がんばれば間違いなく解ける。というわけで，ともかく手を動かして，答がどうなるか，考えてみよう。

話を具体的にするために，紅茶の種類は

ダージリン，アールグレイ，オレンジペコ，
イングリッシュアフタヌーン

の4つだとして，あなたが4人の友人のうちの一人，あなたが好きなのはダージリンだとしてみよう（まちがっていたら，ごめんなさい）。

例題1-1A′ （再掲）紅茶は，中身が見えない袋に入れてあるとする。
(ア) 好きな袋を選んでよいと言われたが，ダージリンに当たる確率はどれくらいか？
(イ) 4人の友人が，1人ずつ順番に袋を1つ取ることになった。ダージリンを当てるためには，最初に取るのと最後に取るのとで，有利・不利の差はあるか？
(ウ) アールグレイが好きな友人がいたので，「アールグレイに当たったら交換しよう」と約束した。ダージリンが手に入る確率は，どれくらいか？
(エ) （ウ）と同じ状況で，「どちらか一人でも，相手の好きな紅茶に当たったら交換しよう」と約束した。ダージリンが手に入る確率は，どれくらいか？

ダージリンに当たる「確率」とは，ひと言でいえば（当たる）「割合」のことである。透視能力のある人でなければ，「どれが当たりやすい」ということもないだろうから，ダージリンやオレンジペコのどれに当たるのも，**同じ程度起こりやすい**であろう。そういう場合は，ふつう

   4つに1つだから，当たる確率は $\dfrac{1}{4}$

と考える。したがって，（ア）の答は

$$\frac{1}{4}$$（あるいは25％，同じことであるが0.25）

といってよい。また「ダージリンに**当たらない**確率」なら，4つに3つだから

$$\frac{3}{4}$$（75％，0.75でも同じ）

ということになる。

では（イ）はどうだろうか。最後に取るのだと，その前の3人の誰かにダージリンを取られてしまう可能性が大きい。だから「最初に取った方がよい」——ような気がする，という人が多いらしいが，ほんとうにそうだろうか？

これがわかりにくい，あるいは「考えにくい」と思ったら，次の手を使うとよい。

---

|考え方のコツ（I）| 問題の規模を小さくして，考えてみる。

---

紅茶の種類が「4種類」というのを，ダージリンとアールグレイの2種類だけにして，2人で分ける場合を考えてみよう。

あなたが先に取るのなら，超能力者でないかぎり，ダージリンかアールグレイのどちらが当たりやすいということはないであろう。だから「どちらに当たるかは五分五分」と考えてよい——ダージリンに当たる確率は2つに1つ，つまり $\frac{1}{2}$（＝50％）である。

友達が先に取る場合でも，やはりダージリン，アールグレイのどちらに当たるかは五分五分で，ダージリンに当たる確率は

$\frac{1}{2}$ である。そして友達がダージリンに当たってしまえば，あなたは残りのアールグレイを取るしかない。だからその場合は，「あなたがダージリンに当たる確率はゼロ」といってよい。

しかし，友達がアールグレイに当たった場合はどうだろうか。その場合はまちがいなくダージリンに当たるので，「あなたがダージリンに当たる確率は100％」になる。

結局，友達がダージリンに当たるかどうかで，あなたがダージリンに当たるかどうかが決まる。「友達がダージリンに当たった」場合だけ考えるとソンなようであるが，友達が外れた場合にはトクをするので，あとから取る場合も結局

あなたがダージリンに当たる確率
＝友達がアールグレイに当たる確率＝$\frac{1}{2}$

となり，**最初に取る場合と変わらないことがわかる。**

次に，紅茶がダージリン，アールグレイ，オレンジペコの3種類で，友達とあわせて3人で，袋を取る場合を考えてみよう。今度もあなたが最初に取る場合は，簡単である。3つある袋のうちの1つを（中を見ないで）選ぶのだから，ダージリンに当たるかもしれないしアールグレイに当たるかもしれず，オレンジペコの可能性もあり，しかも「どれが特に当たりやすい」ということがなければ，確率は「3つに1つ」の「$\frac{1}{3}$」である。

では，あなたが最後に取る場合はどうなるだろうか。「その前に誰が何を取るか」で話が違ってくるので，「誰が何を取るか」のすべての場合を検討してみよう——これは遠回りかもしれないが正攻法で，応用範囲が広い。

第1章 並べ方を数える

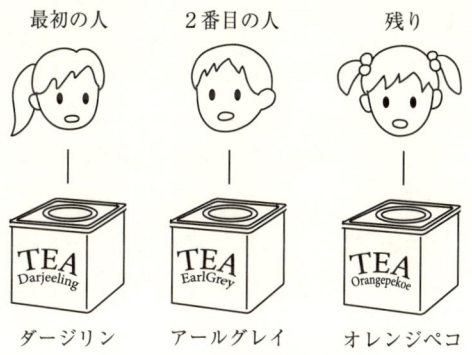

図1-1　紅茶の取り方

いきなり「すべて」といわれても困るだろうが，たとえば図1-1のような取り方がある。

これはわかりやすい表示法ではあるが，書くのが大変なので，次の考え方を援用するとよい。

考え方のコツ(Ⅱ)　いろいろな場合を，なるべく簡単な記号法で表す。

たとえば
　　　　ダージリン，アールグレイ，オレンジペコ
に1, 2, 3と番号をつけて，図1-1のような場合を簡単に
　　　1　2　3
で表すのである。こういう「速記術」を利用すれば，たとえば
　　　1　2　3,

2　1　3,
　　　1　3　2,
　　　……

のように，たくさんの場合をすらすら書き出せる。ついでにいうと，これは

　　　3枚のカードを，1列に並べる仕方

とも読める——「紅茶を配る仕方」だけでなく，何に番号をつけるかによって

　　　3つの文字を1列に並べる仕方,
　　　3人に順序をつける仕方,
　　　3つの仕事「泳ぐ」,「自転車に乗る」,「走る」に順序を
　　　つける仕方

などなど，何かを1列に「**並べる**」仕方なら，何にでも応用できる。

　さて前に戻って，1, 2, 3だけでもただ思いつくままに書き並べるのでは，「見落とし」や「重複」が起こりやすい。そこで次の考え方が必要になる。

---

|考え方のコツ (Ⅲ)|　上手に分類・整理して，いろいろな場合を順序よく書き並べる。

　たとえば最初は1, 2, 3のどれかが選ばれる：

第1章 並べ方を数える

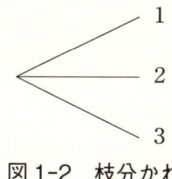

図1-2 枝分かれ

その「枝分かれ」を，図1-2のように表してみよう。そしてそのあと，「残りの2つのどちらかを選ぶ」のを，さらなる枝分かれを描いた，図1-3のように表してみる。

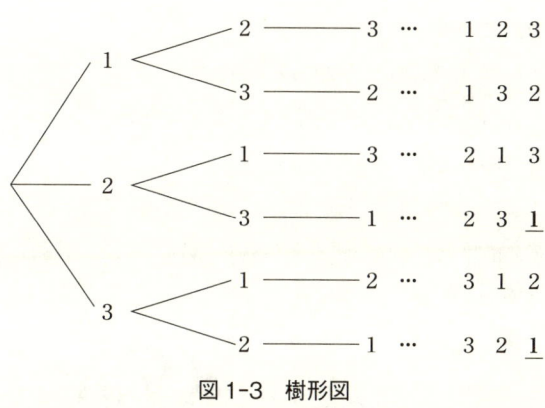

図1-3 樹形図

このような図は，高校の教科書ではおもおもしく「**樹形図**」，大学の教科書ではふつう「**木**」と呼ばれているが，「場合分け」を整理して描くのに，とても便利な記法である。

ともかくこれで，前の「速記術」で書けば

　　　　　１２３，１３２，２１３，２３１，３１２，３２１

という６つの場合があること，これで「見落とし」も「重複」もないことは，明らかであろう。

　このうち，最後の残りが何であるかを見ると，ダージリン (1) が２回（**太字**で示した），アールグレイ (2) が２回，オレンジペコ (3) も２回である——**どれが残るかは，同じ程度起こりやすいのである**。また，６つの場合はどれも「同程度起こりやすい」だろうから，最後にダージリンに当たる確率は「６つに２つ」，つまり $\frac{1}{3}$ である。

　結局，この場合も

　　　最初に取るのと最後に取るのとで，

　　　どちらが有利とか不利ということはない

が正解であった。

　ここまで来ればあとは誰でも，もとの問題（紅茶が４種類の場合の（イ））を自力で解けるに違いない。４つの紅茶に番号をつけて

第1章 並べ方を数える

<u>ダージリン アールグレイ オレンジペコ イングリッシュアフタヌーン</u>
　　1　　　　　2　　　　　3　　　　　　4

とすれば，最初に袋を取ってダージリン（1）に当たる確率は，明らかに「4つに1つ」の $\frac{1}{4}$ である。一方，最後に袋を取る場合は，最初の3人の取り方を，前と同じような樹形図（と速記術）で書き表してみるとよくわかる——結果は24ページ図1-4のようになる。

　この図を見れば，取り方は全部で24通りあり，最後にダージリン（1）が残るのはそのうち6通りで，やはり確率は $\frac{6}{24}$，つまり $\frac{1}{4}$ である。だからこの場合も

　　　最初に取るのと最後に取るのとで，

　　　どちらが有利とか不利ということはない

ことがわかった。

　じつは，紅茶の種類と人数がもっと増えても，当たるのが紅茶以外の何であっても，「誰にも予想がつかない，公平な分け方」でありさえすれば，

　　　**順番は関係ない……最初と最後で，**

　　　**どちらが有利とか不利ということはない**

ことがいえる。それは最初に取るのなら

　　　何が当たるかは，同程度起こりやすい

こと，最後に取る場合には

　　　何が残るかは，同程度起こりやすい

ことに注目すればよい。どちらにしても，4種類なら $\frac{1}{4}$ だし，100種類なら $\frac{1}{100}$ なのである。これは樹形図を描かなくても，

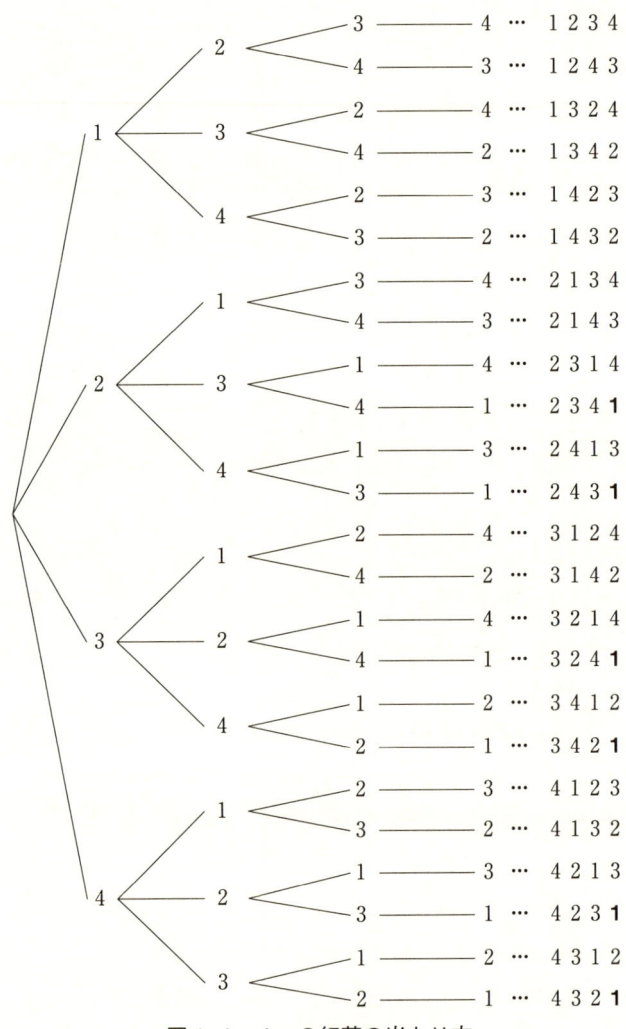

**図 1-4　4つの紅茶の当たり方**

## 第1章 並べ方を数える

わかることであった。

しかし，がんばって樹形図（図1-4）を描いたのはムダではない。2番目に取る人でも3番目の人でも，

　　　　順番に関係なく，ダージリンに当たる確率は $\frac{1}{4}$

であることを示そうとすると，やはり樹形図がわかりやすいようである。また，残った2つの問題：

（ウ）アールグレイが好きな友人がいたので，「アールグレイに当たったら交換しよう」と約束した。ダージリンが手に入る確率は，どれくらいか？

（エ）（ウ）と同じ状況で，「どちらか一人でも，相手の好きな紅茶に当たったら交換しよう」と約束した。ダージリンが手に入る確率は，どれくらいか？

を解決するには，この図1-4が威力を発揮する。実際，（ウ）でダージリン（1）が手に入るのは，

　　　「自分がダージリンに当たる」か，または

　　　「自分がアールグレイ，相手がダージリンに当たる」場合

のどちらかである。「相手」が最初に取り，あなたが3番目に取ると仮定すると，これは「速記術」で書けば

　　　○△1□　か，または　1△2□

の場合である。そして樹形図をよく見ると，

　　　○△1□は6通り，1△2□は2通り

あるので，結局ダージリンが手に入るのは「24のうちの8」で，$\frac{1}{3}$ である。

なお「$\frac{1}{3}$」という結果は，相手とあなたの順番を変えても，

まったく同様である。

（エ）でダージリンが手に入るのは，「自分か相手のどちらかがダージリンに当たった」場合である。それは「速記術」で表せば

　　　○△1□　　か，または　　1△▽□

のどちらかである。これらを図1-4 の中で探すと，それぞれ 6 通りずつあるから，その確率は「24のうちの12」，すなわち $\frac{1}{2}$ であることがわかる。

**注意**　図の中を探さなくても，

　　　○△1□

という形だけから「6 通り」と当てることもできるが，そのやり方はあとで説明する（考えてみてください！）。

というわけで，全部をまとめれば，正解は次のようになる。

（例題1-1Aの答）

（ア）$\frac{1}{4}$（＝25％）

（イ）最初でも最後でも，有利とか不利ということはない。

（ウ）$\frac{1}{3}$（＝約33％）

（エ）$\frac{1}{2}$（＝50％）

相手に有利な約束（ウ）でも「ダージリンが手に入る確率」は増えるが，双方に有利な約束（エ）ならもっと増えることが，**定量的・数値的**にわかったわけである。

第1章 並べ方を数える

---- コラム 当たる確率はいつでも $\frac{1}{2}$ ? ----

何かに「当たる」確率を考えるとき,

　　「当たるか当たらないかのどちらかなのだから, 当たる確率は2つに1つ, つまり $\frac{1}{2}$」

と固く信じている人がいる。しかし「宝くじを1枚買って, それが1等に当たる」のは, 万に一つもないようなめずらしいことなので,「2つに1つだから, 確率は $\frac{1}{2}$」などといったら, 笑われるであろう。

　　「2つに1つだから, 確率 $\frac{1}{2}$」

というのは,

　　　　それらが, **どれも同程度起こりやすい** 　　(#)

場合にだけいえることなので,「著者が白鵬関と相撲を取って, 勝つ確率」などに当てはめてはいけない。

しかしだいじな条件(#)を明記せずに,「$n$通りの場合のうちの1つが起こる確率は $\frac{1}{n}$」と書いている高校

27

の教科書を見たことがあるから、上のような誤解をしている人は、「誤解」というよりはただ「教科書を、すなおに信じていた」だけなのかもしれない。

**教訓** 教科書にも、間違いはある。意味を考えずに「信じて丸暗記」してはいけません！

---

## 1.3 紅茶の分け方

### ◆ 紅茶を分ける

「何通りあるか」を数えることは、確率計算とも深い関係がある。しかしここからは「確率」のことはしばらく忘れて、単純に「分け方は何通りあるか」を考えていきたい。そこで例題1-1に戻ることにしよう。

[例題1-1] （再掲）イギリスで買った、種類が違う紅茶の缶が4つある。これを4人の友人に1つずつ分けたい。何通りの分け方があるか？

話を具体的にするために、紅茶はダージリン、アールグレイ、オレンジペコ、イングリッシュアフタヌーンで、友達はあっこちゃん、イチローくん、うららちゃん、エンタくんの4人であるとする。そして、前節で紹介した

第1章 並べ方を数える

　　　考え方のコツ　（Ⅰ）（Ⅱ）（Ⅲ）
を早速応用してみよう。

### （Ⅰ）規模を小さくして考えてみる

　紅茶はイングリッシュアフタヌーンを除いた3種類，友達はエンタくんを除いた3人だとすると，たとえば図1-5 のような分け方が考えられる。

図 1-5　分け方の例

### （Ⅱ）記号化する

　ダージリン，アールグレイ，オレンジペコを

　　　1　2　3

と略記し，あっこちゃん，イチローくん，うららちゃんを

　　　あ　イ　う

で間にあわせることにしよう。そして図1-5 のような分け方を

$$\frac{あ\quad イ\quad う}{1\quad 2\quad 3}$$

のような表で表すことにしたらどうだろうか。上段は「もらう人の名前」で、その下に「紅茶の番号」を書くのである：

$$\frac{あ\ \ イ\ \ う}{1\ \ 2\ \ 3} \qquad \frac{あ\ \ イ\ \ う}{3\ \ 2\ \ 1} \qquad \frac{あ\ \ イ\ \ う}{1\ \ 3\ \ 2}$$

ここで上段「あ　イ　う」を固定しているのは、わかりやすい書き方ではあるが、固定するくらいなら「省いてしまっても同じ」である：

　　　1　2　3,　　3　2　1,　　1　3　2

これは一種の「速記術」であるが、「1　2　3」とか「3　2　1」のような数の並びはよく使われるので、1から3までの数の「**順列**」という、りっぱな名前がついている。

このように考えれば、結局

「1から3までの番号がついた3枚のカードを

1列に並べる」

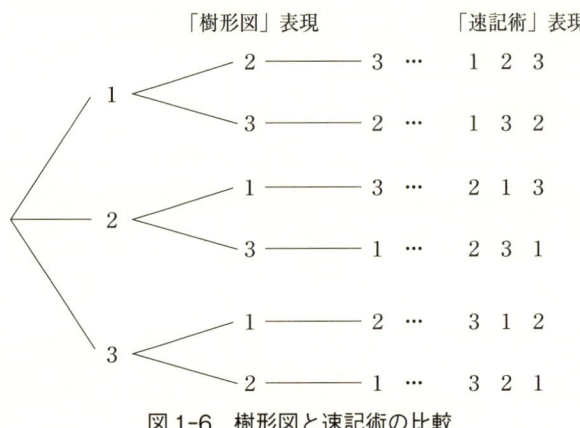

図 1-6　樹形図と速記術の比較

仕方を数える，ということもでき，そういう意味で，「**並べ方を数える**」ともいえる。

### （Ⅲ）順序よく書き並べる

それには図1-6の「樹形図」がぴったりである。これを見れば，全部で6通りであることは，明らかであろう。

しかし樹形図にも欠点がある。わかりやすいが「場所をとる」ことである。その点は，速記術の書き方：

　　１２３，　１３２，　２１３，　２３１，　３１２，
　　３２１

のほうが短く書けてよい。しかし速記術だけだと，「見落とし」や「重複」が出やすい。そこで「速記術」の欠点を補う方法を考えてみよう。

樹形図に従って並べた上記の「順列」の並び方に，何か特徴がないだろうか？　気がつきにくいかもしれないが，

　　　３桁の数字として読むと，**小さい順に並んでいる**

という，きわだった特徴がある。そう，小さい順に並べれば，重複は絶対に避けることができる。少し練習をすれば，「見落としもなく，すべてを書き並べる」ことが上手になる。そして規模が小さいときは，それで正しい答を見つけることができる。

一方，「3桁の数」の作り方を考える――という手法もある。別の言い方をすれば，表

| あ | イ | う |
|---|---|---|
| ○ | △ | □ |

あるいは順列

　　　　○　△　□

の作り方を考える，といってもよい。順列「○　△　□」の各欄を，

　　　「1つずつ順番に，左から埋めていく」

ところをイメージすれば，わかりやすいであろう。

1) まず○のところには，1, 2, 3のどれを書いてもよいので，3通りある。
2) 次に△のところは，1, 2, 3から○を除いた残り2つのどちらを書いてもよいので，2通りある。
3) 最後の□のところは，1, 2, 3から○，△を除いた1つしか書けないので，1通りしかない（図1-6の枝分かれが，そうなっている！）。

結局，全体として書き方は

　　$3 \times 2 \times 1 = 6$（通り）

あることがわかる。だから「3種類の紅茶の分け方」も当然，6通りある。

紅茶が4種類の場合（もとの問題）も，表

　　あ　い　う　え
　　○　△　□　◇

あるいは順列

　　　○　△　□　◇

が何通り作れるかを考えれば，自然に解ける。

(1) 左端の○は，4通りある。

第1章 並べ方を数える

(2) あとは,「残り3種類を3人に分ける」のだから, 6通りある。

したがって4種類の紅茶の分け方は, 全体として $4×6=24$ 通り あるに違いない。——これで例題1-1の答が,「24通り」であることがわかった。

なお(2)のところは, 次のように細かく分けて考えることもできる。

(2.1) △は, ○を除いた3種類のどれでもよいので, 3通り。

(2.2) □は, ○と△を除いた残り2種類のどちらかなので, 2通り。

(2.3) ◇は, ○, △, □を除いた最後の残りなので, 1通り。

したがって, 分け方は(○もふくめて, 全体として)

$$4×3×2×1=24 （通り）$$

となる。


**補足** 前の節でちょっと触れた,

○△1□ という形だけから「6通り」と当てる

ことも, この考え方を使えば簡単である:○, △, □を順に埋めていくと考えると, ○は「1以外何でもよい」ので2,3,4の3通り, 次の△は「1と○以外」だから2通り, 最後の□は「1, ○, △以外」で1つしかない。だからそれらの組合せは,

$$3×2×1=6 （通り）$$

である。

◆ **問題の一般化**

品物の種類と人数がふえると、すべての分け方を具体的に書き出すのはたいへんであるが、「順列　○△□◇　が何通り作れるか」の考え方を応用すれば、答はすらすら書ける。

5種類のものを5人に分ける仕方は、
(1) 最初の1つは、5通りある。
(2) あとは「残り4種類を4人に分ける」のだから、24通りある。

したがって5種類のものを5人に分ける仕方は、全体として $5 \times 24 = 120$ 通り　あるに違いない。これはまた、次のようにも表せる。

$$5 \times 4 \times 3 \times 2 \times 1 = 120 \text{（通り）}$$

6種類のものを6人に分ける仕方は、同じように考えれば：

$$6 \times 5 \times 4 \times 3 \times 2 \times 1 = 720 \text{（通り）}$$

この形の掛け算は、よく出てくるので、便利な記号が発明されている。

**記法**　自然数 $n$ に対して、$n$ から1までの積

$$n \times (n-1) \times (n-2) \times \cdots \times 3 \times 2 \times 1$$

のことを「$n$ の**階乗**」といって、$n!$ で表す。

〈例〉　$2! = 2 \times 1 = 2$,
　　　$3! = 3 \times 2 \times 1 = 3 \times 2! = 6$,
　　　$4! = 4 \times 3! = 24$,
　　　$5! = 5 \times 4! = 5 \times 24 = 120$,

第1章 並べ方を数える

$6! = 6 \times 120 = 720,$

$7! = 7 \times 720 = 5040,$

$8! = 8 \times 5040 = 40320,$

$9! = 9 \times 40320 = 362880,$

$10! = 10 \times 362880 = 3628800$

すると次のことがいえる。

|| 事実1-1 ||

$n$種類の品物を$n$人に1つずつ分ける仕方は, $n!$通りある。

なんだ, そんなことがわかっているなら早く教えてくれればいいのに, などと考えてはいけない。この知識が役に立つのは, 例題1-1 のような問題だけであるが, 「考えてこの事実にたどり着いた」私たちは, 次のような問題も解けるからである。

[類題1] 8種類の紅茶が1つずつある。これらのどれかを4人に1つずつ分ける仕方は, 何通りあるか?

紅茶の方が多いが, 分ける仕方はやはり, 「分け方を表す表」

| あ | い | う | え |
|---|---|---|---|
| ○ | △ | □ | ◇ |

あるいは順列

　　○　△　□　◇

の作り方だけある。今度は

　　○が8通り,

△は（○を除く残り7種類のどれかで）7通り，

　　□は（○，△を除く残り6種類のどれかで）6通り，

　　◇は（○，△，□を除く残り5種類のどれかで）5通り

であるから，ありうる組合せは

　　$8 \times 7 \times 6 \times 5 = 1680$（通り）

になる。

　品物の方が少なくて，全員に分けられないときは，どう考えればいいだろうか？


類題2　4種類の品物を，8人のうちの誰か4人に1つずつ分ける仕方は，何通りあるだろうか？


　今度は人に1から8までの番号をつけて，品物をたとえばA，B，C，Dとし，

　　Aを7さんに，Bを1さんに，Cを5さんに，

　　Dを8さんに

あげるのを，表

| A | B | C | D | …品物 |
|---|---|---|---|---|
| 7 | 1 | 5 | 8 | …人 |

あるいは順列

　　7　1　5　8

で表すことにしてみよう。そしてさっきと同じように，順列

　　○　△　□　□

が何通り作れるかを考えてみると，結果的にもさっきと同じ，

第1章　並べ方を数える

$$8 \times 7 \times 6 \times 5 = 1680 \text{ （通り）}$$

になることがわかる。

これらをまとめると，次のようなことがいえる。

---
**事実1-2**

$m$ 個の異なる品物を $n$ 人に1つずつ分ける仕方は，次のように表せる。

(ア) $m < n$ の場合（もらえない人が出る）：

$$n \times (n-1) \times (n-2) \times \cdots \times (n-(m-1))$$

**注意**　$n$ から始まって1つずつ減る，$m$ 個の数の積である。だから

　　$m = 3$ なら

　　　　$n \times (n-1) \times (n-2)$　であるし，

　　$m = 4$ なら

　　　　$n \times (n-1) \times (n-2) \times (n-3)$　になる。

このように，最後は $n$ から「$m$ より1つ少ない数」を引いた数になるので，

$$(n-(m-1)) = (n-m+1)$$

で表される。

(イ) $m = n$ の場合（1人にちょうど1つずつ）：

　　$n!$

(ウ) $m > n$ の場合（品物が余る）：

$$m \times (m-1) \times (m-2) \times \cdots \times (m-(n-1))$$

**注意**　(ア), (ウ) は，次のようにも書ける。

(ア) $n \times (n-1) \times \cdots \times (n-(m-1))$

$= \dfrac{n \times (n-1) \times \cdots \times (n-(m-1)) \times (n-m) \times (n-m-1) \times \cdots \times 2 \times 1}{(n-m) \times (n-m-1) \times \cdots \times 2 \times 1}$

$= \dfrac{n!}{(n-m)!}$

(ウ) $m \times (m-1) \times \cdots \times (m-(n-1))$

$= \dfrac{m \times (m-1) \times \cdots \times (m-(n-1)) \times (m-n) \times (m-n-1) \times \cdots \times 2 \times 1}{(m-n) \times (m-n-1) \times \cdots \times 2 \times 1}$

$= \dfrac{m!}{(m-n)!}$

### ◆　違うおみやげを全部分ける

では後回しにしていた，次の問題はどうだろうか？

例題1-1B　（再掲）種類の違う4つのおみやげを，3人の友達に全部分けたい。個数が違うのは仕方ないが，「1つももらえない人が**いない**」ような分け方は，何通りあるか？

誰かは2つもらうことになるので，「友達から，もらえるおみやげへの表」ではちょっと書きにくい：

第1章 並べ方を数える

| あっこ | イチロー | うらら | …友達 |
|---|---|---|---|
| 1 | 2と3 | 4 | …おみやげ |

のように，ある欄に2つの数字（おみやげの番号）を書かなければならない。そうなると，前にやった 4×3×2 のような「表がいくつ作れるか，の計算」はできなくなる。そこで「おみやげから，それをもらう人への表」を考えてみよう。

| 1 | 2 | 3 | 4 | …おみやげ |
|---|---|---|---|---|
| あ | イ | イ | う | …友達 |

条件「1つももらえない人が**いない**」をはずしてしまえば，問題はずっとやさしくなる。

| 1 | 2 | 3 | 4 | …おみやげ |
|---|---|---|---|---|
| ○ | △ | □ | ▽ | …友達 |

という表がいくつできるか，を考えればよいのである。○，△，□，▽には

　「あ，イ，う」のどれでも，自由に選んで入れてよい

ので，その入れ方（表の数）は

　　$3×3×3×3=3^4=81$（通り）

になる。この中には

| 1 | 2 | 3 | 4 | |
|---|---|---|---|---|
| あ | あ | イ | あ | …うららちゃんにはあげない |

とか

| 1 | 2 | 3 | 4 | |
|---|---|---|---|---|
| あ | あ | あ | あ | …全部あっこちゃんにあげてしまう |

も含まれているが，条件「1つももらえない人が**いない**」をは

ずしてしまったので,それでかまわないわけである。

念のため,一般の場合の結論を書いておこう。

─┤ 事実1-3 ├─

$m$ 個の異なるおみやげを,全部 $n$ 人の友達に自由に配る仕方は,$n^m$ 通りある。

ただし「自由に配る」とは,「何ももらえない人がいてもよい」(同じ人に全部あげてしまってもよい)という意味である。

では,条件「1つももらえない人が**いない**」を復活させるとどうなるだろうか? 3個のおみやげ1,2,3をA,Bの2人にあげる場合は簡単で,図1-7 に示す6通りである。

|   | 1 | 2 | 3 |
|---|---|---|---|
| ① | A | A | B |
| ② | A | B | A |
| ③ | B | A | A |
| ④ | A | B | B |
| ⑤ | B | A | B |
| ⑥ | B | B | A |

図1-7 3個のおみやげを2人に分ける

では「4個のおみやげを3人にあげる」場合はどうなるのだろうか? がんばってやってみると,「36通り」という答が出てくる。しかしそれは,かなり面倒である。おみやげや友達の数がさらに増えると,「腕ずくの数え上げ」では絶望的である。

第1章　並べ方を数える

そこで今は無理をしないで、あとのお楽しみとしておきたい（第6章で、ぴったりの公式を紹介します）。

◆「1対1の対応」ということ

ところで、ものを数えるとき「それと同じ数だけある、別のものを数える」とうまくいくことがある。有名な例が、「山の木の数を数える」という仕事を引き受けた木下藤吉郎（のちの太閤秀吉）が使ったやり方である。彼はまず家来たちに、山のすべての木に、1本ずつ手拭いを縛らせた。それから、その手拭いを集めて数えた、というのである。

手拭いなら5本あるいは10本ごとにまとめるとか、さらに10本の束を10束ごとにまとめるなどの操作ができるので、ひじょうに数えやすくなる。また「木を直接数える」より、まずは手拭いを縛りつけた方が、数え落としや「同じ木をダブって数える」心配も大幅に減らせるであろう。

ここでだいじなのは、最初の「1本の木に、1本の手拭い」

「子ども1人にパンツ1枚」。

これが「1対1対応」。

というところである。現代数学の言葉を借りると

　　　木と手拭いに，**1対1で洩れのない対応**をつける

ということである。これこそが「木と手拭いとが，同じ数である」ことを保証してくれる，だいじな性質である。

　もうひとつ，これもよく知られた例は，トーナメントの試合数である。

---

例題1-5　49チームでトーナメント戦を行う。引き分けがないとすれば，優勝が決まるまでに何試合が必要か？

---

　トーナメントの組合せによっても違うだろう，と思うかもしれないが，じつはどのように組んでも，同じ回数になる。たとえば6チームの場合は，図1-8 のような組合せが考えられるが，どれも「全部で5試合」である。

（解法）引き分けがないとすれば，どの試合でも1チームが負ける。トーナメント戦だと，1回負けたら終わりである。そこで

　　　各試合に，そこで負けたチームを対応させる

と，これは

　　　全試合と，優勝チームを除くすべての参加チーム

の間の「1対1で洩れのない対応」になり，

　　　試合数 =（優勝チームを除く，参加チーム数）

　　　　　　 = 参加チーム数 − 1

という等式が成り立つ。だから6チームなら5試合，49チーム

第1章 並べ方を数える

図1-8 トーナメントの組み方の例

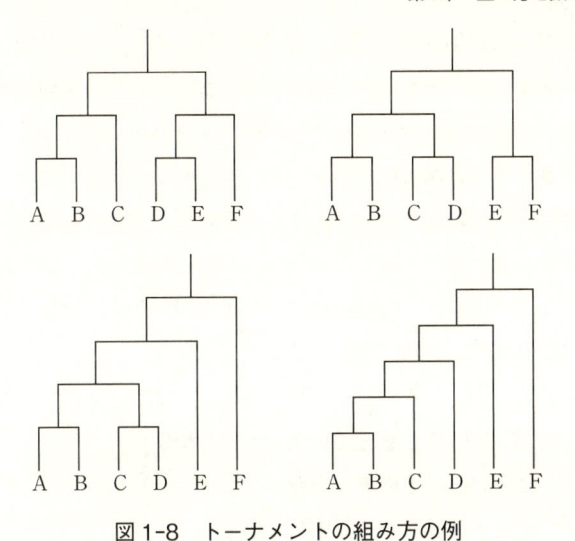

なら48試合が（引き分けがないとすれば，トーナメントの組み方に関係なく）行われる（図1-9）。これはスポーツ関係者の間では経験的によく知られていることだそうで，参加チーム数から，必要な最低の試合数がすぐわかるわけである。

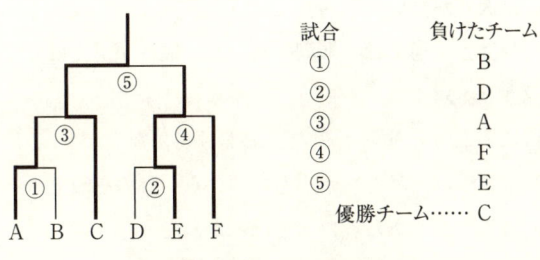

| 試合 | 負けたチーム |
|---|---|
| ① | B |
| ② | D |
| ③ | A |
| ④ | F |
| ⑤ | E |
| 優勝チーム…… | C |

図1-9 実際の試合進行の例

なお平成18年夏の全国高校野球選手権大会では,49校が甲子園に集まってトーナメント戦を行ったが,西東京の早稲田実業と南北海道の駒大苫小牧が決勝戦でぶつかり,延長15回,1-1で引き分け・再試合になったため,結局49試合が行われた。甲子園を沸かせた「ハンカチ王子」斎藤佑樹投手の大活躍は,この時である。なおこの年,全国では4112校が参加したが,地区予選から甲子園での決勝戦まで,全部合わせると少なくとも4111試合が行われたはずである。

前節で,「分け方」を数える代わりに「分け方を表す,順列(などの記号法)」を数えていたのも,じつは

**分け方と,その表し方が,**
**1対1に洩れなく対応している**

からであった。それはていねいにいえば,次のことを前提にしている。

(A) どの分け方も,1つの順列で表せる(「分け方」の側に**洩れがない**)。

(B) どの順列も,1つの分け方を表している(「順列」の側にも**洩れがない**)。

(C) 分け方が違えば,順列も違うし,順列が違えば分け方も違う(**1対1**)。

正確に言おうとすると何だかおおげさになるが,「1対1の対応」はじつは,私たちが小さい頃から,ものを数えるときにやっていることである。たとえばみかんを

1,2,3,…

第1章 並べ方を数える

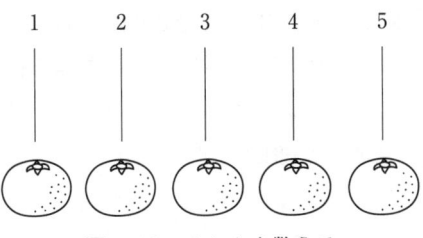

```
  1       2       3       4       5
  |       |       |       |       |
 (み)    (み)    (み)    (み)    (み)
```

図 1-10 みかんを数える

と「数える」というのは、みかんのグループと数のグループの間に、1対1で洩れのない対応をつける作業である。実際、そこでだいじなのは、

(A) 数え落としがない（「みかん」の側に**洩れがない**）。
(B) 「1, 2, 3, 5」など、途中の数を飛ばしたりしない（「数」の側に**洩れがない**）。
(C) 同じものを、ダブって数えない——違うみかんには違う数を割り当てる（**1対1**）。

ことである（図1-10）——幼児だとそれがなかなかむずかしく、数詞は覚えていて「イチ，ニ，サン，シ，……」と唱えることはできても、同じところをぐるぐる回ったり、数えるものを平気で飛ばしたりするが、大人ならどんなに数学が苦手な人でも、5個や10個を「数える」ことは確実にできる——数学の能力は、年齢とともに確実に上昇しているのである！

考えてみれば

　　1, 2, 3, 4, …

という数の列は、いわば「数のものさし」なので、長さを測る

ものさしのように,「もの」にあててその数を測ることができる。このものさしは「重さゼロ」なので持ち運びは便利だし,しかもふつうのものさしのように「30センチまでしか測れない」というような「大きさの制限」もない!

◆ **あみだくじと逆対応の術**

　人とおみやげ（あるいは賞品,座席など）が同数あるとき,分け方（あるいは割り当て）を決めるのによく使われるのが,図1-11のあみだくじである。

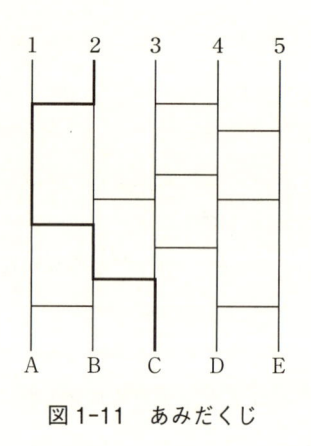

図1-11　あみだくじ

　作り方も使い方も皆さんご存じと思うが,要点だけ書いておくと次のようになる。
〈作り方〉まずタテ線を必要な数だけ書き並べる。上段が出発点で,下段が終点である。下段には,たとえば賞品の記号・番

第1章 並べ方を数える

号などを書いておく。またタテ線をつなぐヨコ線を適当に（皆で少しずつ）書き加えるが，線は何本引いてもよい。ただし

　　タテ線から枝分かれするヨコ線は，

　　　　どこでも1本だけ

という条件を満たすように書かないといけない。

　なお大昔はタテ線ではなく放射状に線を引き，それが「阿弥陀様の後光に似ている」ところから「あみだくじ」という名前がついたのだそうである。

〈使い方〉まず上段に，各自の名前（あるいは番号など）を書き込む。皆が書き終わったら，各自の位置から次の要領で「対応する賞品」を見つける：

　① その位置からタテ線を下に進む。
　② ヨコ線にぶつかったら，そのヨコ線のほうに進み，タテ線にぶつかったら①に戻る（そこからそのタテ線を下に進み，またヨコ線にぶつかったら②に進む）。

　終点まできたら，そこに書いてある「賞品」に「当たった」ことになる。

〈例〉さきほどのあみだくじでは，2から出発すると，太線をたどってCに行きつく。


　このように決められる「人と賞品の対応」が1対1で，対応洩れがないことは経験的に知られているが，ほんとうだろうか？

　まず明らかなことは，

　　　出発点を決めれば，終点も決まる

ということである．枝分かれにぶつかるたびに，どちらに進むかが決められているので，それはあたりまえである．そこで次は，

　　　　終点を決めれば，出発点も決まる

ことを示そう．それにはあみだくじの上下を逆にして，新しいあみだくじだと思って，たどってみればよい．もとの終点Cを新しい出発点にすれば，その終点は最初の出発点2である（心配なら，ぜひやってみてください！）．だから次のことがいえる．

(1) 2つの出発点からの道筋が，途中で合流することはあり得ない．

もしそんなことがあれば，「逆をたどる」と「2つの出発点に戻る（？）」ことになってしまうが，そんなことはありえない．

(2) 下段のどの場所$X$にも，上段のどこかから出発すれば行ける．

$X$から逆をたどった終点を，出発点にすればよい！　こうして，あみだくじで決まる対応が

　　　　1対1で，洩れがない

ことがわかる．

この考え方は，「2つのグループA，Bの間の，ある対応規則」が定められていて，次の条件を満たす場合にも応用できる．

(1) グループAの中のもの$X$を1つ選ぶと，その規則に従って，グループBの中のもの$Y$が1つ決まる．

(2) グループBの中のもの $Y$ を1つ選ぶと，その規則の逆をたどって，グループAの中のもの $X$ が1つ決まる。

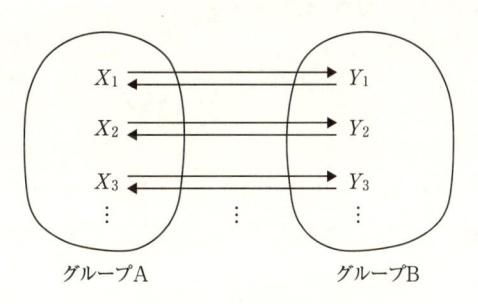

```
     X₁ ←――――――→ Y₁
     X₂ ←――――――→ Y₂
     X₃ ←――――――→ Y₃
      ⋮      ⋮      ⋮
   グループA        グループB
```

図1-12　逆対応の術

このようなとき，その対応は「1対1で洩れがない」こと，したがってグループAとグループBの中のものは同じ個数であることがいえる（図1-12）。これは，何かの個数が「同数である」ことを示したいときになかなか便利な手段なので，

**逆対応の術**

と名付けておこう——これはあとで，きっとお役に立ちます！

## 第2章 選び方を数える

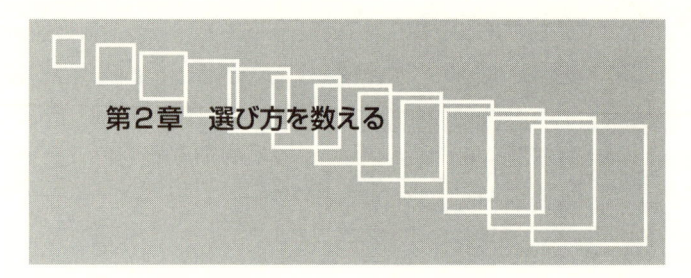

ここではいわゆる「組合せ」を扱う。順列と組合せの関係を調べ,「同じおみやげを何人かに配る仕方」の数も組合せの数で表せることを示していく。

## 2.1 誰にあげるか?

例題1-2 (再掲) フランスで買った, 同じフォアグラの缶が4つある。これを6人の友人の誰かに1つずつ分けたい。何通りの分け方があるか?

今度もまず, 缶と人の数を少なくして考えてみよう。

例題1-2A 2つの缶を, あっこちゃん, イチローくん, うららちゃんの3人のうちの誰かに1つずつあげる仕方は, 何通りあるか?

(解法1) これくらいなら, すべての場合を書き出すのも簡単である。答は,

あっこちゃんとイチローくんにあげる,

第2章 選び方を数える

　　イチローくんとうららちゃんにあげる，

　　うららちゃんとあっこちゃんにあげる

の3通りである。

(解法2) あっこちゃん，イチローくん，うららちゃんに1，2，3と通し番号をつけてみよう。そして「あげ方」を，次のような順列で表してみる。

　　1　2　…あっこちゃんとイチローくんにあげる，

　　1　3　…あっこちゃんとうららちゃんにあげる，

　　2　1　…イチローくんとあっこちゃんにあげる，

　　2　3　…イチローくんとうららちゃんにあげる，

　　3　1　…うららちゃんとあっこちゃんにあげる，

　　3　2　…うららちゃんとイチローくんにあげる

ほかにはないので，答は $3 \times 2 = 6$ 通りである——というのは，ちょっとまずい。

「2つの缶」が違う缶ならこれでよいが，同じ缶だとすると，

　　1　2　（あっこちゃんとイチローくんにあげる）

も

　　2　1　（イチローくんとあっこちゃんにあげる）

も，結果的に同じことである。上の数え方では「あげる順序」まで区別しているので，

　　　　同じあげ方が，順序の違いで2回ずつ書き出されている

わけである。それでは答にならない……けれども，それなら2で割ればよい！

　正解は，　$6 \div 2 = 3$　の，3通りであった。

[例題1-2B] 同じ3つの缶を4人のうちの誰かに1つずつあげる仕方は，何通りあるか？

（解法1）これは，かえって簡単である。もらえない人が1人出るが，「それが誰か」を決めれば，「誰にあげるか」も決まってしまう（「1対1」の対応）。「もらえない人」は（4人なら）4通りだから，分け方も4通りである。

（解法2）人に通し番号をつけて，

　　あっこちゃん→1，イチローくん→2，
　　うららちゃん→3，エンタくん→4

としてみよう。そして

　　あっこちゃんとイチローくんとうららちゃんにあげる

のを

　　1　2　3

で表すことにする。すると「3つの缶を4人で分ける」仕方は

　　1　2　3　　…エンタくんにあげない，
　　1　2　4　　…うららちゃんにあげない，
　　1　3　4　　…イチローくんにあげない，
　　2　3　4　　…あっこちゃんにあげない

の，たしかに4通りである。

　ここで，順列「1　3　2」や「3　2　1」が書かれていないのはなぜだろうか。「あげる順序はどうでもいい」のだから，それらは「1　2　3」と結果的に同じである。だからひとまとめにして，数が小さい順に並んでいる「1　2　3」で

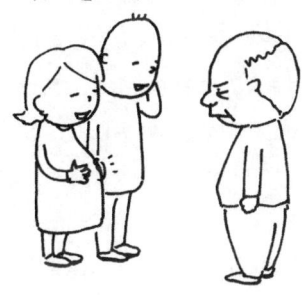

代表させたのであった。

しかし「1　3　2」や「3　2　1」を区別して数えるのなら，公式（37ページの事実1-2）が使える。

**（解法3）** あげる順序まで区別すれば，

　　　最初の人が4通り，次の人が3通り，最後の人が2通り

なので，その数は

　　　$4 \times 3 \times 2 = 24$（通り）

である。ただこれでは，ある同じ3人にあげるのが，

　　　その3人に順序をつける仕方の数（$3! = 6$）だけ，

　　　ダブって数えられている

ことになる。それなら，さきほど

　　　$6 \div 2$

で正しい答を出したように，

　　　$24 \div 6$

で正しい答が出るに違いない。$24 \div 6 = 4$ だから，確かに正し

い答になっている！

　まわりくどいようであるが，この解き方がわかれば，もとの例題1-2「4つの同じ缶を6人に配る」もすぐ解ける。
第1段：4つの缶を誰かに1つずつ，順番にあげる。その順序まで考えれば，その仕方は　$6 \times 5 \times 4 \times 3 = 360$（通り）　である。
第2段：ある4人にあげる仕方が，その4人に順序をつける仕方の数（$4! = 24$）だけダブって数えられている。だからそれを無視する（チャラにする）には，第1段の答を4!で割ればよい。

　正解は　$360 \div 24 = 15$（通り）　であった。
　念のため15通りのすべての場合を「数が小さい順に並んでいる順列」で書き並べると，次のようになる。

　　　1 2 3 4　　1 2 3 5　　1 2 3 6　　1 2 4 5　　1 2 4 6
　　　1 2 5 6　　1 3 4 5　　1 3 4 6　　1 3 5 6　　1 4 5 6
　　　2 3 4 5　　2 3 4 6　　2 3 5 6　　2 4 5 6　　3 4 5 6

　ここでは「組合せ」を表すのに，「選ばれた数を，小さい順に並べた順列」を使っている。これで「重複がない」ことは明らかであるが，「見落としがない」ことを確かめるのは，慣れていないとちょっとむずかしいかもしれない。しかしさっきの計算法だと，

　　　書き出さなくても，答（15通り）がわかる

のだから，ありがたい話である。

## 2.2 順列(並べ方)と組合せ(選び方)

例題1-1と例題1-2の違いは,「**組合せ**(選び方)」という言葉を使うと,はっきり説明できる。たとえば「3つのものを4人に配る」場合に戻って,考えてみよう。

例題1-1のように「もの」が違う場合,その仕方は「**順列**(並べ方)」で表される:3つのものを4人に,順番に手渡すことをイメージしてみると,

　　　最初に誰に渡すか,次は誰,……

というような順序が関係する。だからその仕方は

　　　１２３,１３２,２１３,２３１,…

のような順列で表されるし,その数は

　　　$4 \times 3 \times 2 = 24$(通り)

である。

一方,例題1-2のような場合,順序は問題にならない——「誰にあげるか」の**組合せ**(選び方)だけが問題になる。つまり

　　　１２３,１３２,２１３,２３１,３１２,３２１

は「すべて同じ組合せ」と見られる。だから

　　　「4人のうちの3人の順列」の数24

を「3人に順序をつける仕方」の数6で割れば,

　　　「4人の中から3人を選び出す,**組合せの数**」4

になる。

〈例〉「3つのものを4人に」の場合,「順序なしのあげ方」と「順序つきのあげ方」を全部リストアップすると,次のように

なる:

| 順序なしのあげ方 | 順序つきのあげ方 |
|---|---|
| 1　2　3 | 1 2 3, 1 3 2, 2 1 3, 2 3 1, 3 1 2, 3 2 1 |
| 1　2　4 | 1 2 4, 1 4 2, 2 1 4, 2 4 1, 4 1 2, 4 2 1 |
| 1　3　4 | 1 3 4, 1 4 3, 3 1 4, 3 4 1, 4 1 3, 4 3 1 |
| 2　3　4 | 2 3 4, 2 4 3, 3 2 4, 3 4 2, 4 2 3, 4 3 2 |

計　組合せの数：　　　　　順列の数：
　　4通り　　　　　　　　4 × 6 = 24通り

ところで「同じものをあげる」とは,「誰にあげるかを選ぶ」ことである。だからたとえば

　　「6つの同じ缶を, 10人のうちの誰かに1つずつ配る」

とは,

　　「10人の中から, あげる相手6人の組合せを決める」

こととともいえる。そしてその答は,

第1段：6つの缶をひとつずつ順番に渡して,「何番めに受け取るか」も考えれば, 最初に受け取る人は10通り, その次に受け取る人は（最初の人を除いた）9通り, ……なので, 全体として

　　$10 \times 9 \times 8 \times 7 \times 6 \times 5 = 151200$（通り）

第2段：あげる順番を無視すれば,「ある6人にあげるのが, その6人に順序をつける仕方の数（6! = 720）だけダブって数えられている」ので, 正解は

　　$151200 \div 720 = 210$（通り）

ここから次の事実が導かれる。

---
**事実2-1**

$m$ 個のもの（あるいは人，場所，何でも）から $n$ 個のものを選ぶ「組合せ」の数は，次のように表される：

**組合せの数＝順列の数÷ $n!$**

---

すでにわかっている「順列の数」の公式と合わせると，次のようにもいえる。

---
**事実2-2**

$m$ 個のものから $n$ 個のものを選び出す組合せの数は，

$$m \times (m-1) \times (m-2) \times \cdots \times (m-n+1) \div n! \,(通り)$$

である。

---

この値は，「$m$ 個から $n$ 個を選ぶ**組合せの数**」と呼ばれ，よく

$$_m C_n$$

という記法で表される――記号Cは「組合せ（combination）」の略号である。

〈例〉 $_4C_1 = 4 \div 1 = 4$,

$\quad\ _4C_2 = 4 \times 3 \div 2 = 6$,

$\quad\ _4C_3 = 4 \times 3 \times 2 \div 6 = 4$,

$$_4C_4 = 4 \times 3 \times 2 \times 1 \div 24 = 1,$$

$$_6C_1 = 6 \div 1 = 6,$$

$$_6C_2 = 6 \times 5 \div 2 = 15,$$

$$_6C_3 = 6 \times 5 \times 4 \div 6 = 20,$$

$$_6C_4 = 6 \times 5 \times 4 \times 3 \div 24 = 15,$$

$$_6C_5 = 6 \times 5 \times 4 \times 3 \times 2 \div 120 = 6,$$

$$_6C_6 = 6 \times 5 \times 4 \times 3 \times 2 \times 1 \div 720 = 1,$$

……

$_mC_n$ を表す式は，階乗を使うと，次のようにも書ける。

**事実2-3（組合せの基本公式）**

$m$ 個のものから $n$ 個を選ぶ組合せの数 $_mC_n$ は，

$$_mC_n = \frac{m!}{n! \times (m-n)!}$$

で表される。

〈例〉 $_6C_3 = \dfrac{6!}{3! \times (6-3)!} = \dfrac{6 \times 5 \times 4 \times 3 \times 2 \times 1}{(3 \times 2 \times 1) \times (3 \times 2 \times 1)}$

$= \dfrac{6 \times 5 \times 4}{3 \times 2 \times 1} = \dfrac{120}{6} = 20$

なお $m=n$ の場合には，たとえば

$$_5C_5 = \frac{5!}{5! \times (5-5)!} = \frac{5!}{5! \times 0!}$$

のように，分母に $0!$ が現れる。左辺の値「5つのものから5つを選ぶ組合せ」は，「ひとつしかない」ので1であるから，

$$0! = 1$$

と約束しておくと都合がよい。ついでながら

$$3! = 3 \times 2 \times 1 = 3 \times 2!$$
$$4! = 4 \times 3 \times 2 \times 1 = 4 \times 3!$$

のように，一般に $n > 1$ に対して

$$n! = n \times (n-1)!$$

という公式が成り立つのだけれど，$n = 1$ とおくと

$$1! = 1 \times 0!$$

となるので，$0! = 1$ と決めておくと，この場合にも都合がよい。

ここからさらに形式的に計算を進めると

$$_m C_0 = \frac{m!}{0! \times (m-0)!} = \frac{m!}{1 \times m!} = 1$$

という結果が得られる——「0個を選ぶ組み合わせ」は，「0通り」とも思えるが，

$$0! = 1$$

という約束の顔を立てて，$_m C_0 = 1$ と約束しておく（これはずっと後で，役に立つ）。行き掛かりで，$_0 C_0 = 1$ ということになってしまうが，これも「ちょっと感じが悪い」ところをガマンすれば，あとで都合のいいことがある。

## 2.3 組合せの基本公式の,いろいろな応用

### ◆ 碁石の並べ方

突然であるが,次のような問題を,皆さんはどう考えるだろうか?

例題2-1 黒い碁石●4個と白い碁石○2個がある。これらを1列に並べる仕方は,何通りあるか?

黒石・白石が1個ずつなら,話は簡単である。
　　　●○,　○●
の2通りしかない。では黒が2個と白が1個だったら,どうだろうか?
　　　●●○,　●○●,　○●●
の3通りになる。

どうも規則性が見えないので,整理して順序よく並べるために,たとえば
　　　●を0,○を1
におきかえて,数で表してみよう。そうすれば,「小さい順に並べる」という,はっきりした方針が立てられる:0,1が2つずつの4桁の数は,小さい順に並べると

0011, 0101, 0110, 1001,
1010, 1100

の6つである。したがって,黒石2つと白石2つを並べる仕方

も6通りある。

これで「すべてを書き並べる」ことは、どうやらできるようになった。しかしそれでは碁石の数が増えるとたいへんなので、別の見方を考えてみよう。

4つの●と2つの○を並べる仕方は、

　　　友人6人に、旅行のおみやげとして

　　　フォアグラの缶4つと、トランプ2組のどれかを、

　　　1つずつ配る仕方

に翻訳できる。たとえば

　　　　●●○●○●

は、フォアグラを「フ」、トランプを「ト」と略記すれば、

| 友人 | 1 | 2 | 3 | 4 | 5 | 6 |
| --- | --- | --- | --- | --- | --- | --- |
| おみやげ | フ | フ | ト | フ | ト | フ |

という配り方と解釈できる（1対1の対応！）。ところで、

　　　フォアグラをあげる4人

を決めれば、

　　　残りの2人（トランプをあげる）

も決まってしまう。だから、「フォアグラ4つとトランプ2組の配り方」は、

　　　6人の友人のうち、フォアグラをあげる4人の**選び方**

と同じ数だけある。これならすでに、例題1-2で求めたではないか！

　　　4個の●と2個の○の並べ方の数

　　＝フォアグラの缶4つとトランプ2組を6人に1つずつあ

げる仕方の数
= フォアグラの缶4つを6人のうちの誰かに1つずつあげる仕方の数
= 6人の中から4人を選び出す,組合せの数
= $_6C_4 = 6 \times 5 \times 4 \times 3 \div 4! = 360 \div 24 = 15$

例題2-1A 黒石6個と白石4個を並べる仕方は,何通りあるか?

(解法) 答が「組合せ」で表せる,とわかれば,フォアグラやトランプを持ち出さなくても,もっと単純な解釈でもできる。10個の碁石を置く「枠」を考えてみよう:

この中で,黒石6個の置き場所を選べば,白石4個の置き場所も決まる。だから「並べ方の数」は:

$_{10}C_6 = 10 \times 9 \times 8 \times 7 \times 6 \times 5 \div 6!$
$= 151200 \div 720 = 210$

なお,逆に「白石4個の置き場所」を先に決めてもよいはずである。すると見かけは $_{10}C_4$ になるが,結果はもちろん一致する:

$_{10}C_4 = 10 \times 9 \times 8 \times 7 \div 4!$
$= 5040 \div 24 = 210$

このことから,いつでも次の公式が成り立つこともわかる。

第2章 選び方を数える

||事実2-4||

任意の $0 \leq k \leq n$ について, ${}_nC_k = {}_nC_{n-k}$

〈証明〉$k$個の黒石と$(n-k)$個の白石の並べ方は，黒石の置き場所を決めれば決まるし，白石の置き場所を決めても決まる。だから

$\quad {}_nC_k = n$個の場所から黒石$k$個の置き場所を選ぶ，組合
$\qquad$ せの数
$\quad = k$個の黒石と$(n-k)$個の白石を並べる仕方の数
$\quad = n$個の場所から白石$(n-k)$個の置き場所を選ぶ，
$\qquad$ 組合せの数
$\quad = {}_nC_{n-k}$

2つのチームが何かの試合（野球でもサッカーでも，碁・将棋でも，何でもよい）を繰り返す時，勝ち負けの並び方が何通りあるかは，「碁石の並べ方」に翻訳できる：

$\quad$ 勝ち→○, 負け→●

と表せばよい。だから，次のような問題がすらすら解ける。

**応用1** 2つのチームが6回戦った結果，3勝3敗の引き分けだったという。一方のチーム（たとえば横浜，阪神，ソフトバンク，その他どこでも）から見た勝ち（○）負け（●）の順序は何通りあるか？

（答）これは「6回のうち，勝った回数3回を選ぶ組合せ」だけあるから，

$$_6C_3 = 6 \times 5 \times 4 \div 6 = 20 \text{（通り）}$$

である。

**応用2** プロ野球の日本シリーズ（先に4勝した方が優勝する）で，あるチームが4勝3敗で優勝するときの，勝ち負けの順序は何通り？

（答）途中で3勝3敗になり，それから最後の1勝をあげるのだから，「3勝3敗の順序」と同じ数だけある。だから答は応用1と同じ，20通りである。

**注意** 正解は $_7C_4 = 35$（通り） **ではない**。$_7C_4$ の中では，

「4個の○と3個の●」のすべての順列

を数えているので，たとえば

○○○○●●●，　○○○●●●○，　○○●○●○●

なども数えられてしまうが，日本シリーズはどちらかが4勝すればそこで終わってしまうので，このような順列は実際には起こらない。必ず通過する「3勝3敗」を数えたほうが，まちがいないわけである。

◆ **同じおみやげの配り方**

ここまで来ると，これまで扱えなかった次の問題が解けるようになる。

第2章 選び方を数える

例題2-2 スイスで、同じ箱入りチョコレートを8つ買った。それらを全部、4人の友人に分配したいが、何通りの分け方があるか？ ただし、不公平になるのは仕方ないが、誰にも少なくとも1つはあげるとする。

「解ける」といってもじつはこれは手ごわいので、まず次の問題を取り上げよう。なお個数を少なくしただけでなく、条件「誰にも少なくとも1つはあげる」を省いている。

例題2-2A スイスで、同じ箱入りチョコレートを**6つ**買った。それらを全部、4人の友人に分配したいが、何通りの分け方があるか？ ただし、**1つももらわない人がいてもよい**とする。

これでも、次のヒントなしで解ける人はめったにいないであろう。

**ヒント**　4人の友人A, B, C, Dに, たとえば

　　　Aに2個,　Bに1個,　Cに1個,　Dに2個

あげるのを, 次のように図解してみるとよい.

```
  A   B   C   D
 ○○  ○   ○  ○○
```

　上段を省略し, そのかわり「区切り」を表す | を挟むと, ひとつのあげ方は

　　　6個の○と3個の | の順列, たとえば

　　　○○|○|○|○○

で表せる.

**注意**　「 | が（4個ではなく）3個」なのは,「友人4人の間の仕切り」だからである：

　　　A | B | C | D

〈例1〉あげる仕方

```
  A   B    C    D
  ○  なし  ○○○  ○○
```

は, 次の順列で表される：

　　　○||○○○|○○

〈例2〉順列

　　　|○|○○○○○|

は, 次のあげ方を表している：

```
  A    B     C      D
 なし  ○   ○○○○○   なし
```

## 第2章 選び方を数える

そこで,「6個の○と3個の│の順列」を数えればよい。

(例題2-2A の答) 6個の○と3個の│の順列は,

　　6+3=9個の場所から,

　　│を入れる3ヵ所を選ぶ, 組合せ

の数だけある。したがって答は:

　　$_9C_3 = 9×8×7÷3! = 84$（通り）

である。

これがわかれば, 例題2-2 も解けるが, まず「6つ」でやってみよう。

---

**例題2-2B** スイスで, 同じ箱入りチョコレートを **6つ**買った。それらを全部, 4人の友人に分配したいが, 何通りの分け方があるか? ただし, 不公平になるのは仕方ないが, **誰にも少なくとも1つはあげる**とする。

---

(解法)「6個の○と3個の│」の勝手な順列では,「誰にも少なくとも1つはあげる」ことには必ずしもならない。たとえば前ページ例1の順列

　　○│ │○○○│○○

では「Aさんに1個, Bさんに0個, Cさんに3個, Dさんに2個あげる」, つまり「Bさんにはあげない」ことになるし, 例2の順列

　　│○│○○○○│

ではAさんとDさんにあげないことになる。

「誰にも少なくとも1つはあげる」には,たとえば前に示した
　　○○│○│○│○○
とか,あるいは
　　○○○│○│○│○
のように,

　　○と○の間に,1本だけ│がある

順列でないといけない——左端や右端に│があってはいけないし,どこかで│が2本以上続いてもいけない。逆に,そのような順列であれば,確かに条件を満たす分け方を表している:

|  | A | B | C | D |
|---|---|---|---|---|
| ○│○│○│○○○ | 1 | 1 | 1 | 3 |
| ○│○│○○│○○ | 1 | 1 | 2 | 2 |
| ○│○│○○○│○ | 1 | 1 | 3 | 1 |
| ○│○○│○│○○ | 1 | 2 | 1 | 2 |
| ○│○○│○○│○ | 1 | 2 | 2 | 1 |
| ○│○○○│○│○ | 1 | 3 | 1 | 1 |
| ○○│○│○│○○ | 2 | 1 | 1 | 2 |
| ○○│○│○○│○ | 2 | 1 | 2 | 1 |
| ○○│○○│○│○ | 2 | 2 | 1 | 1 |
| ○○○│○│○│○ | 3 | 1 | 1 | 1 |

では,6個の○と3個の│の順列で,「○と○の間に,1本だけ│がある」ようなものは,いくつあるだろうか? 6個の○の「○と○の間」は5ヵ所あるから,そのうち

　　│を入れる,3ヵ所の組合せ

第2章 選び方を数える

を数えればよい。正解は

$$_5C_3 = 5 \times 4 \times 3 \div 3! = 10 \text{(通り)}$$

であった。

**注意** 10通りのすべての解が，68ページに示されている。

例題2-2 の答は，「6個」を「8個」にすればよいので，次のようになる。

$$_{8-1}C_{4-1} = {}_7C_3 = 7 \times 6 \times 5 \div 3! = 35 \text{(通り)}$$

「分け方」を全部書き出すのはたいへんであるが，数はすぐ出る！

一般の場合について，結果をまとめておこう。

‖ 事実2-5 ‖

$m$ 個の同じもの全部を $n$ 人に分ける仕方は，次のように表される。

(ア) もらえない人がいてもいい場合： $_{m+n-1}C_{n-1}$

(イ) 誰でも1つはもらえる場合： $_{m-1}C_{n-1}$

なお (イ) の場合は，$m \geq n$ の場合に限る——おみやげのほうが少ない $m < n$ では，もちろん全員にはあげられない！

〈証明〉

(ア) ひとつの分け方が，

　　$m$ 個のもの○と，$(n-1)$ 個の仕切り | の順列

で表されるので，組合せの基本公式から $_{m+n-1}C_{n-1}$ だけある。

（イ）ひとつの分け方が，$m$ 個の○と $(n-1)$ 個の│の，

　　○の間に1本だけ│を入れる

ような順列で表されるので，それは「○の間 $(m-1)$ ヵ所から $(n-1)$ ヵ所を選ぶ組合せ」の数だけ，つまり $_{m-1}C_{n-1}$ だけある。

# 第3章 道順を数える

ここでの主題は「パスカルの三角形」である。これによって，組合せの数が道順の数から確率分布へとつながっていくことを，視覚的にわかりやすく示せる。

## 3.1 道順の数

次に示すのは，京都市の一部の，非常に単純化された地図である。

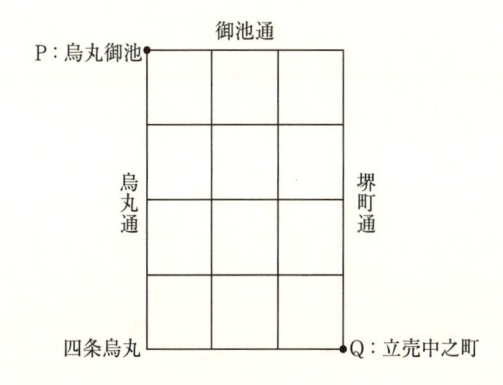

```
                    御池通
    P:烏丸御池●─┬─┬─┬─┐
              ├─┼─┼─┼─┤
         烏    ├─┼─┼─┼─┤  堺
         丸    ├─┼─┼─┼─┤  町
         通    ├─┼─┼─┼─┤  通
              ├─┼─┼─┼─┤
    四条烏丸  └─┴─┴─┴─●Q:立売中之町
```

そこで次のような問題を考えてみよう。

例題3-1 図の交差点P（烏丸御池）から交差点Q（立売中之町）まで行くのに，どんな道順があるか？ ただし遠回りはしないで，いつもQに近づく方向に進むとする。

◆ 素朴な解法

出発点Pから，右（東）隣Mあるいは下（南）隣Sに行く道順は，それぞれ1通りしかない：

$$P \to M \qquad\qquad \begin{matrix} P \\ \downarrow \\ S \end{matrix}$$

しかし「右隣の下」，あるいは（同じことであるが）「下隣の右」Tに行く道順は，2通りある：

$$\begin{matrix} P \to M \\ \phantom{P \to} \downarrow \\ \phantom{P \to} T \end{matrix} \qquad\qquad \begin{matrix} P \\ \downarrow \\ S \to T \end{matrix}$$

そのような「道順の数」を，それぞれの地点に書き込んでみよう。まず出発点のPには，「じっとしている」（1通り）しかないのだから $\boxed{1}$ と書き，その右隣M・下隣Sのところにも $\boxed{1}$ と書く：

$$\begin{matrix} P: \boxed{1} & - & \boxed{1} : M \\ | & & \\ S: \boxed{1} & & \end{matrix}$$

それから，「右の下（下の右）」Tには，左（西）からも上（北）からも来られるので，それらの合計 $\boxed{2}$ を書く：

```
P: 1 - 1
   |   |
   1 - 2 :T
```

あとは次の規則に従って、数を書き込んでゆく。

① 最上段の御池通では、左からしか来られないので、すべて $\boxed{1}$ と書く。

② 左端の烏丸通でも、上からしか来られないので、すべて $\boxed{1}$ と書く。

③ 左からも上からも来られるところには、「すぐ左まで来る道順の数」と「すぐ上まで来る道順の数」の合計、すなわち

　　すぐ左の数 $x$ + すぐ上の数 $y$

を書き込む。

```
                                    y
                                    ⇩
                                x ⇨ x+y
```

すると、①、②からまず

```
P: 1 - 1 - 1 - 1
   |
   1
   |
   1
   |
   1
   |
   1
```

ができる。それから③に従って、各交差点に数を書いてゆくと、さきほども示した

P: $\boxed{1} - \boxed{1}$
  |   |
 $\boxed{1} - \boxed{2}$

から始めて，最終的には「数つきの地図」が完成する（図3-1）:

P: $\boxed{1} - \boxed{1} - \boxed{1} - \boxed{1}$
  |   |   |   |
 $\boxed{1} - \boxed{2} - \boxed{3} - \boxed{4}$
  |   |   |   |
 $\boxed{1} - \boxed{3} - \boxed{6} - \boxed{10}$
  |   |   |   |
 $\boxed{1} - \boxed{4} - \boxed{10} - \boxed{20}$
  |   |   |   |
 $\boxed{1} - \boxed{5} - \boxed{15} - \boxed{35}$ : Q

図 3-1　数つきの地図

こうして，
　　PからQに行く道順の数は，35通り
ということがわかった。

なおこの地図で，たとえば「Pから数えて3番目の交差点まで」を抜き書きすると，次のような三角形になる：

第3章　道順を数える

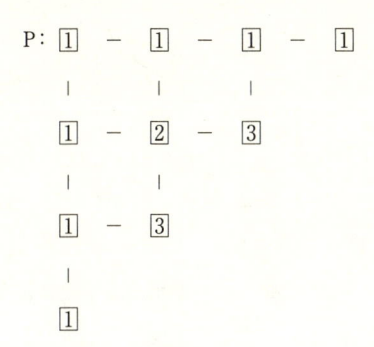

```
P: 1 － 1 － 1 － 1
   |   |   |
   1 － 2 － 3
   |   |
   1 － 3
   |
   1
```

これが「**パスカルの三角形**」と呼ばれる，有名な図形である。なおふつうは，これを45°回転させて，出発点Pを真上に移した，図3-2のような形で書くことが多い。

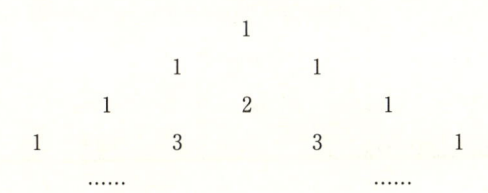

```
            1
        1       1
     1      2      1
  1      3      3      1
 ……                    ……
```

図3-2　パスカルの三角形

数を並べるルールは同じであるが，直接これを描くには，次のようにするとよい。

① 最初に一番上のまん中に，「頂点の1」を書く。
② 頂点の1から左下にゆくナナメ線上に，1を並べる。
③ 頂点の1から右下にゆくナナメ線上に，1を並べる。
④ それ以外のところでは，上段の隣り合う2つの数の和を，その間の下段に書く：

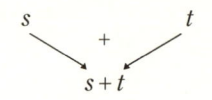

$$s \searrow \underset{s+t}{+} \swarrow t$$

　この「三角形」は，パスカル（1623-1662）以前にも知られていた。アラビアでも中国でも，13世紀には既に知られていたようである。しかしあまりにも昔のことで，たとえば朱世傑『四元玉鑑』（1303）に載っているが，誰が最初に発見したのかは定かでない。今となっては「朱世傑の三角形」といってもわかってもらえないので，本書でも「パスカルの三角形」という俗称に従うことにする。

　なお「名誉は（パスカルのような）有名人に集まる」という経験法則を，「マタイの法則（Matthew's Law）」と呼ぶ人もいるが，出典は新約聖書・マタイ伝の次の言葉である：「持てる者はますます与えられ，持たない者はわずかにもっているものまで奪われるであろう」

◆ **エレガントな解法**

　前項で学んだのは，小学生でもできる，わかりやすい方法である。しかし計算だけなので，あまり「エレガント」（上品，優雅）とはいえない。こういう鈍重な方法を，冗談で「**エレファントな解法**」と呼ぶ人もいるくらいである。しかしすでに「組合せの数」を学んだ私たちは，この問題をもっとエレガントに解ける。

第3章 道順を数える

遠回りはしないのだから,いつでも地図の上で右(東)か,または下(南)に進み,後戻りはしない。そこで

　　右(東)方向に次の曲がり角まで進むのを　→,

　　下(南)方向に次の曲がり角まで進むのを　↓

で表すと,図3-3 の道順は,たとえば

　　→→↓→↓↓↓

のような,

　　3つの→と4つの↓の順列

で表される。これは明らかに

　　3つの●と4つの○

の順列と同じ数だけあるはずで,その数は,次のように表される:

$$_7C_3 = 7 \times 6 \times 5 \div 3! = 210 \div 6 = 35$$

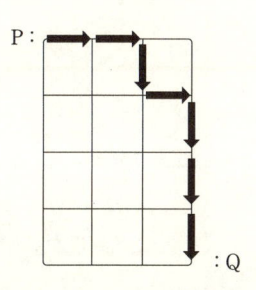

図3-3　→→↓→↓↓↓で表される道順

なお同じように考えれば,次のこともわかる。

> **事実3-1**
>
> Pから出発して,右に $x$ ブロック,下に $y$ ブロック進んだ場所に行く道順の数は,
>
> $$_{x+y}C_x$$
>
> だけある。

〈例〉それぞれの角に,「そこまでの道順の数」を記入すると,図3-4のようになる。

$$
\begin{array}{ccccccc}
P: 1 & - & {}_1C_1 & - & {}_2C_2 & - & {}_3C_3 \\
| & & | & & | & & | \\
{}_1C_0 & - & {}_2C_1 & - & {}_3C_2 & - & {}_4C_3 \\
| & & | & & | & & | \\
{}_2C_0 & - & {}_3C_1 & - & {}_4C_2 & - & {}_5C_3 \\
| & & | & & | & & | \\
{}_3C_0 & - & {}_4C_1 & - & {}_5C_2 & - & {}_6C_3 \\
| & & | & & | & & | \\
{}_4C_0 & - & {}_5C_1 & - & {}_6C_2 & - & {}_7C_3 & :Q
\end{array}
$$

図3-4 道順の数を $_{x+y}C_x$ で表す

それぞれの数が,「式で表せる」のがこの解法の長所である。

◆ エレガントなエレファント

最初に学んだ「エレファントな解法」も,ムダではない。この方法には,「小学生でも使える」だけでなく,ほかにも3つぐらいとりえがある。

第3章　道順を数える

(ア)「ここは通れない」など，例外的な条件を付け加えられても困らない。
(イ) 組合せの数 $_mC_n$ の性質を読み取ることができる。
(ウ) 確率計算にも応用できる。

　以下，これらを順次説明してゆこう。

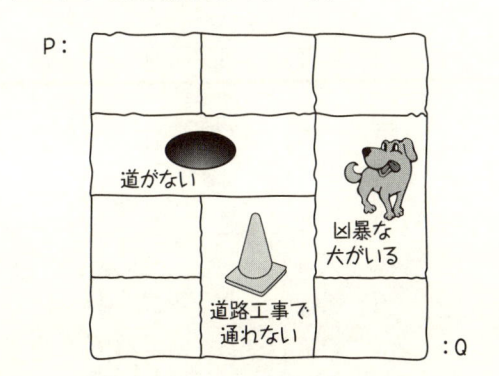

図3-5　通れない場所のある地図

## (ア)「通れない」部分がある地図の,道順の数

 たとえば図3-5のような地図で,PからQに行く,遠回りをしない道順は,何通りあるだろうか？

 このような不規則な地図に対しては,エレガントな解法はまったく歯がたたないが,エレファントな解法なら使える：左上隅の「P：$\boxed{1}$」から始めて,次の規則で数を埋めてゆけばよいのである。

① 左(または上)からしか来られないところは,左(または上)の数をそのまま書く。

② 左からも上からも来られるところは,左の数と上の数の和を書く。

$$
\begin{array}{c}
\text{P：}\boxed{1}-\boxed{1}-\boxed{1}-\boxed{1} \\
|\qquad|\qquad|\qquad| \\
\boxed{1}-\boxed{2}-\boxed{3}-\boxed{4} \\
|\\
\boxed{1}-\boxed{1}\quad\boxed{4}\quad\boxed{4} \\
|\qquad\qquad|\qquad| \\
\boxed{1}-\boxed{2}\quad\boxed{4}-\boxed{8} \\
|\qquad|\qquad\qquad| \\
\boxed{1}-\boxed{3}-\boxed{7}-\boxed{15}\text{：Q}
\end{array}
$$

というわけで,求める「道順の数」は15通りである。

## (イ) $_m C_n$ の性質を読み取る

 エレガントな解法でもエレファントな解法でも,もちろん答

第3章 道順を数える

```
P:1 — 1  — 1  — 1            P:1 — ₁C₁ — ₂C₂ — ₃C₃
   |    |    |    |               |     |     |     |
   1 — 2  — 3  — 4           ₁C₀ — ₂C₁ — ₃C₂ — ₄C₃
   |    |    |    |               |     |     |     |
   1 — 3  — 6  — 10          ₂C₀ — ₃C₁ — ₄C₂ — ₅C₃
   |    |    |    |               |     |     |     |
   1 — 4  — 10 — 20          ₃C₀ — ₄C₁ — ₅C₂ — ₆C₃
   |    |    |    |               |     |     |     |
   1 — 5  — 15 — 35:Q        ₄C₀ — ₅C₁ — ₆C₂ — ₇C₃:Q
```

図3-6 エレファントな解法　　　図3-7 エレガントな解法

は同じになる。ということは, 図3-6と図3-7で, 同じ位置にある式あるいは数値は, 一致しているはずである。

そこで当然,

$$_1C_0 = 1, \quad _1C_1 = 1$$

とか,

$$_2C_0 = 1, \quad _2C_1 = 2, \quad _2C_2 = 1$$

などの等式が得られる。なおこの性質があるため, 組合せの数 $_mC_n$ を求めるのに図3-6を使うことができる——$m$, $n$ が小さいときには, 私もよく利用している。

〈例〉$_6C_4$ の値を求める:「組合せの基本公式」に従って計算してもよいが, これくらいなら地図, あるいは「パスカルの三角形」を描いてみてもわかる (図3-8):

```
                    1
                1       1        ⋯ $_1C_\square$
            1       2       1        ⋯ $_2C_\square$
        1       3       3       1        ⋯ $_3C_\square$
    1       4       6       4       1        ⋯ $_4C_\square$
  1     5      10      10      5      1      ⋯ $_5C_\square$
1     6     15     20     **15**     6     1     ⋯ $_6C_\square$
↑     ↑                    ↑
$_6C_0$  $_6C_1$            $_6C_4$
```

図 3-8　パスカルの三角形で $_6C_4$ の値を求める

このように，$_6C_4 = 15$ である。

〈検算〉 $_6C_4 = 6 \times 5 \times 4 \times 3 \div 4! = 360 \div 24 = 15$

もうひとつの応用は，③道順の「和」を求める手順

$$\begin{array}{c} 10 \\ | \\ 5 - 15 \end{array}$$

から，組合せ数の和の公式

$$\begin{array}{c} _5C_2 \\ | \\ _5C_1 - {_6C_2} \end{array}$$

すなわち

$$_5C_1 + {_5C_2} = {_6C_2}$$

が導かれることである。これはもちろんこの場合だけではなく

第3章 道順を数える

て,一般に次の公式が成り立つ。

---
**公式3-1**

$$_{m-1}C_{n-1} + {}_{m-1}C_n = {}_mC_n$$

---

これは,図から明らかであろうが,「場合分け」で証明することもできる。

〈証明〉黒石 $n$ 個と,白石 $(m-n)$ 個を1列に並べる仕方は,$_mC_n$ 通りあるが,それらは次の2種類に分けられる:

(1) 最初が黒石の場合:それよりあとは黒石 $(n-1)$ 個と白石 $(m-n)$ 個で,その並べ方は

$$_{n-1+m-n}C_{n-1} = {}_{m-1}C_{n-1}$$

通りある。

(2) 最初が白石の場合:それよりあとは黒石 $n$ 個と白石 $(m-n-1)$ 個で,それは

$$_{n+m-n-1}C_n = {}_{m-1}C_n$$

通りある。

したがって,

$$_{m-1}C_{n-1} + {}_{m-1}C_n = {}_mC_n$$

が成り立つ。

**(ウ) 確率への応用**

これは長くなるので,次の節でお話しすることにしよう。

---- コラム　二項定理 ----

ちょっと脇道にそれるが、せっかくパスカル・朱世傑（ほか皆様）の三角形を学んだのだから、有名な二項定理にも触れておくべきであろう。これはとても便利な公式で、次のように表せる。

**二項定理**　　$(x+y)^1 = {}_1C_0 x + {}_1C_1 y,$

$(x+y)^2 = {}_2C_0 x^2 + {}_2C_1 xy + {}_2C_2 y^2,$

$(x+y)^3 = {}_3C_0 x^3 + {}_3C_1 x^2 y + {}_3C_2 xy^2 + {}_3C_3 y^3,$

一般に

$$(x+y)^n = {}_nC_0 x^n + {}_nC_1 x^{n-1} y + {}_nC_2 x^{n-2} y^2 + \cdots$$
$$\cdots + {}_nC_{n-1} xy^{n-1} + {}_nC_n y^n$$

証明は簡単で、「式の計算」をやってみればよい。

(1) $n=1$ の場合：$(x+y)^1 = x+y = {}_1C_0 x + {}_1C_1 y$

${}_nC_0 = {}_nC_n = 1$ だから、これは当たり前である。

(2) $n=2$ の場合：$(x+y)^2 = ({}_1C_0 x + {}_1C_1 y) \times (x+y)$

$= {}_1C_0 x^2 + {}_1C_1 xy + {}_1C_0 xy + {}_1C_1 y^2$

$= {}_2C_0 x^2 + ({}_1C_1 + {}_1C_0) xy + {}_2C_2 y^2$

$= {}_2C_0 x^2 + {}_2C_1 xy + {}_2C_2 y^2$

ここでは ${}_nC_0 = {}_nC_n = 1$ と、さっき証明したばかりの

$${}_{m-1}C_{n-1} + {}_{m-1}C_n = {}_mC_n$$

を利用した。$n>2$ の場合も、まったく同じ手順で次々と

第3章 道順を数える

確かめられるので,あとは省略する。

---

## 3.2 パスカル式「地図」の,確率への応用

### ◆ 勝ち負けの確率

第2章で「2つのチームA, Bの勝ち負けの順序」を考えたとき,その確率までは考えなかった。しかし

(1) A, Bの実力が互角で,どちらが勝つかは五分五分

の場合とか,

(2) Aチームの方がやや強く,Aの勝つ確率が60%,負ける確率が40%

という場合などについて,たとえば「6回戦って,3勝3敗になる確率」を求めるのは,おもしろい問題である。

勝ち負けの順序は,碁石の順列,たとえば

●　○　○　●　●　○

で表されるが,これはまた道順

→　↓　↓　→　→　↓

にも翻訳できる。そこで,地図を使ったエレファントな方法が,ここでも使えることになる。(1)の場合の方が説明しやすいので,それで「確率の求め方」を解説してみよう。

目標は,次のような「確率の地図」を作ることである(図3-9)。

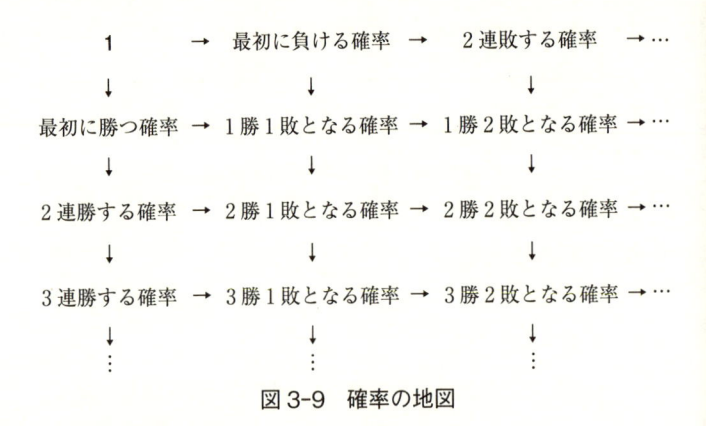

```
1              →  最初に負ける確率  →  2連敗する確率    → …
↓                    ↓                    ↓
最初に勝つ確率  → 1勝1敗となる確率 → 1勝2敗となる確率 → …
           ↓                    ↓                    ↓
2連勝する確率  → 2勝1敗となる確率 → 2勝2敗となる確率 → …
           ↓                    ↓                    ↓
3連勝する確率  → 3勝1敗となる確率 → 3勝2敗となる確率 → …
           ↓                    ↓                    ↓
           ⋮                    ⋮                    ⋮
```

図 3-9　確率の地図

　ここでは確率論の知識がなくてもわかるように，まずは

「五番勝負」を10万回繰り返したらどうなるか？

を考えてみたい。しかし「五番勝負を繰り返す」ではイメージしにくいので，次のような状況におきかえてみよう。

　烏丸御池の交差点に，10万人の人に集まってもらう——「10万人も集まれるか？」は気にしないことにして，めいめいがさいころをひとつ持っていて，次のような「五番勝負」をやってもらうところを，想像していただきたい。

〈五番勝負〉さいころを振って，偶数の目（丁）が出たら「勝ち」として南に，奇数の目（半）が出たら「負け」として東に，次の交差点まで進む。

　五番勝負を10万回繰り返す代わりに，10万人に同時並行的に五番勝負をやってもらおう，というわけである。そこで最初の手がかりとして，次のような「分布図（人数つきの地図）」を

第3章　道順を数える

作ってみよう（図3-10）。

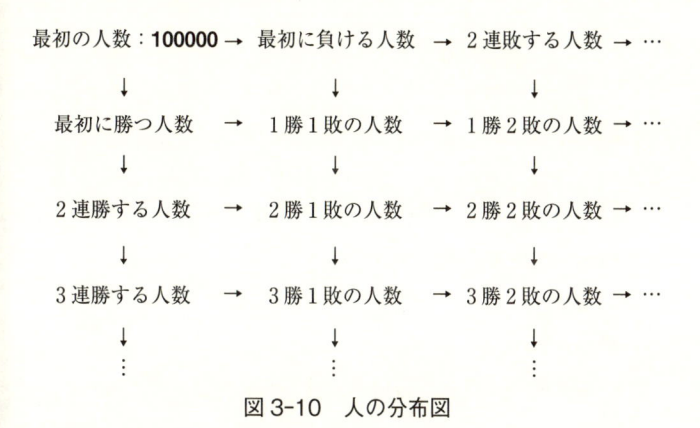

最初の人数：**100000** → 最初に負ける人数 → 2連敗する人数 → …
　　↓　　　　　　　　　↓　　　　　　　　↓
最初に勝つ人数　→　1勝1敗の人数　→　1勝2敗の人数 → …
　　↓　　　　　　　　　↓　　　　　　　　↓
2連勝する人数　→　2勝1敗の人数　→　2勝2敗の人数 → …
　　↓　　　　　　　　　↓　　　　　　　　↓
3連勝する人数　→　3勝1敗の人数　→　3勝2敗の人数 → …
　　↓　　　　　　　　　↓　　　　　　　　↓
　　⋮　　　　　　　　　⋮　　　　　　　　⋮

図 3-10　人の分布図

まずは左上隅に，**100000**と書いておく。

確率どおりにものごとが進行するとすれば，この10万人のうち

　　　最初に勝つのも負けるのも5万人ずつ

で，南にも東にも5万人ずつ進む。これは地図としては，次のように書ける：

**100000** → 50000
　↓
50000

次に，2連勝するのは「最初に勝った5万人のうちの半分」だから2万5000人，2連敗するのは「最初に負けた5万人のうちの半分」だからこちらも2万5000人である。これは次のように図示する：

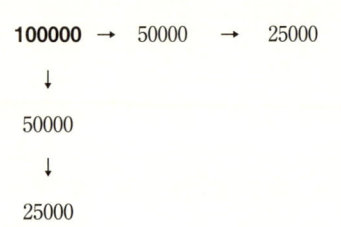

```
       100000  →   50000    →   25000
         ↓
       50000
         ↓
       25000
```

連勝あるいは連敗するのは，いつでも前の人数の半分なので，一般的な「図の描き方」としては，次のようにいえる。

① 左端の「最初から勝ち続ける」場合は，すぐ上の数値の半分を書く。
② 最上段の「最初から負け続ける」場合は，すぐ左の数値の半分を書く。

これで，「分布図」の一部分が埋められる：

```
       100000  →   50000   →   25000   →   12500   →   …
         ↓
       50000
         ↓
       25000
         ↓
       12500
         ↓
         ⋮
```

次に，勝ちと負けが入り交じる場合については，次のように計算する。

たとえば1勝1敗となる人は，

　　　まず1勝し，それから負ける人

と，

　　　まず1敗し，それから勝つ人

のどちらかである。だから，

　　　1勝1敗となる人数

　　　=最初に勝つ人数の半分+最初に負ける人数の半分

　　　$=50000 \times 0.5 + 50000 \times 0.5$

　　　$=50000$

また2勝1敗となる人は，

　　　まず2連勝し，それから負ける人

と

　　　まず1勝1敗となり，それから勝つ人

のどちらかである。だから，次のような式が成り立つ：

　　　2勝1敗となる人数（見込み）

　　　=（2連勝の人数）の半分+（1勝1敗の人数）の半分

　　　$=25000 \times 0.5 + 50000 \times 0.5$

　　　$=37500$

もっと一般的な言い方をすれば，次のようなことである：

$$(\square-1)\text{勝}\triangle\text{敗となる人数} \quad y$$
$$\downarrow \text{(勝ち)}$$

$\square\text{勝}(\triangle-1)\text{敗となる人数} \quad x \quad \rightarrow \quad \square\text{勝}\triangle\text{敗となる人数}$
$$\text{(負け)} \qquad Z = 0.5x + 0.5y$$

分布図を作る手順としては,次のようにもいえる。

③ 上からも左からも来られる交差点については,

　　(すぐ左の数)×0.5 + (すぐ上の数)×0.5

を書き込む。

これはエレファントな方法なので,皆さんは計算しなくてよい——「誰だって,やればできる」ことが認識できればよいので,とりあえず2段目の一部の結果と計算法を示しておこう。

〈結果〉

$$100000 \rightarrow 50000 \rightarrow 25000 \rightarrow 12500 \rightarrow \cdots$$
$$\downarrow \qquad \downarrow \qquad \downarrow \qquad \downarrow$$
$$①\,50000 \rightarrow ②\,50000 \rightarrow ③\,37500 \rightarrow ④\,25000 \rightarrow \cdots$$

〈計算法〉

① $100000 \times 0.5 = 50000$

② $50000 \times 0.5 + 50000 \times 0.5 = 50000$

③ $50000 \times 0.5 + 25000 \times 0.5 = 37500$

④ $37500 \times 0.5 + 12500 \times 0.5 = 25000$

第3章 道順を数える

これを続ければ，図3-11のような地図ができる：

```
100000  →  50000  →  25000  →  12500  →  6250  →  3125
   ↓          ↓         ↓         ↓         ↓
 50000  →  50000  →  37500  →  25000  →  15625
   ↓          ↓         ↓         ↓
 25000  →  37500  →  37500  →  31250
   ↓          ↓         ↓
 12500  →  25000  →  31250
   ↓          ↓
  6250  →  15625
   ↓
  3125
```

図 3-11　人数つきの地図

これらは，「確率どおりにものごとが進行した場合に，見込まれる人数」である。これを全人数10万で割れば，

**確率どおりにものごとが進行した場合に，**

**見込まれる割合**

すなわち**確率**が出るであろう。その結果は，図3-12のようになる：

```
1     →  0.5   →  0.25   →  0.125  →  0.0625  →  **0.03125**
↓        ↓        ↓         ↓         ↓
0.5   →  0.5   →  0.375  →  0.25   →  **0.15625**
↓        ↓        ↓         ↓
0.25  →  0.375 →  0.375  →  **0.3125**
↓        ↓        ↓
0.125 →  0.25  →  **0.3125**
↓        ↓
0.0625 → **0.15625**
↓
**0.03125**
```

図 3-12　確率の分布図

太字で示したのが，下から

　　5 連勝する確率 = 0.03125,

　　4 勝 1 敗となる確率 = 0.15625

等々である。こうして「確率の分布図」ができた！

◆ 確率計算の実際

　間に「回数の地図」を挟まないで，いっぺんに「確率の分布図」を作ることもできる。

「勝つか負けるかがいつでも五分五分」の場合について，形を「パスカルの三角形」ふうに描く仕方で，説明しておこう（図3-13）。

第3章 道順を数える

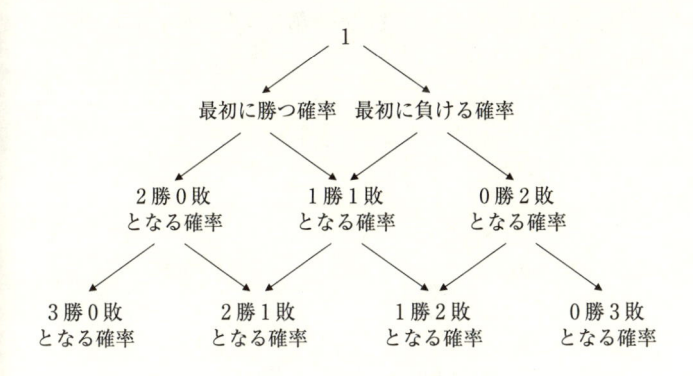

```
                    1
        最初に勝つ確率  最初に負ける確率

  2勝0敗        1勝1敗        0勝2敗
  となる確率     となる確率     となる確率

3勝0敗    2勝1敗      1勝2敗      0勝3敗
となる確率  となる確率   となる確率   となる確率
```

図 3-13　パスカル式・確率の分布図

〈手順〉

① 一番上に,「頂点の1」を書く。

② 頂点1から左下に進んでゆく矢印の下には,「右上の数値 ×0.5」を書く。

③ 頂点1から右下に進んでゆく矢印の下には,「左上の数値 ×0.5」を書く。

④ それ以外のところでは,上段の隣り合う2つの数に,それぞれ0.5を掛けて足し合わせ,その答えを,2つの数の下に書く:

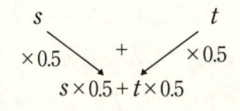

$$
\begin{array}{ccc}
s & & t \\
\times 0.5 \searrow & + & \swarrow \times 0.5 \\
& s \times 0.5 + t \times 0.5 &
\end{array}
$$

〈結果〉第0段（頂点1の段）から第3段までを示す：

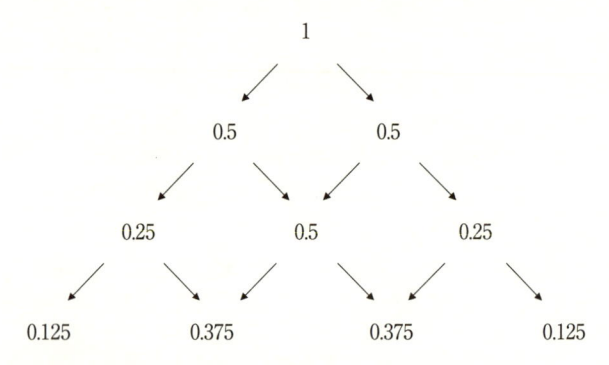

```
                    1
                  ↙   ↘
               0.5      0.5
              ↙  ↘    ↙  ↘
           0.25    0.5    0.25
          ↙  ↘   ↙  ↘   ↙  ↘
       0.125  0.375  0.375  0.125
```

これは「勝つのも負けるのも五分五分」の場合であるが、「勝つ確率が 0.6, 負ける確率が 0.4」の場合には、

　　左下に進むときの「×0.5」を「×0.6」におきかえ、

　　右下に進むときの「×0.5」を「×0.4」におきかえ

ればよい。また一般に、「勝つ確率 $p$, 負ける確率 $q$」の場合には、0.6, 0.4 をさらに $p$, $q$ におきかえればよい。ただし、次のことを仮定する。

　　勝つ確率も負ける確率も、それより前の試合の結果は

　　関係なく、いつでも一定である。

これは**独立性**と呼ばれるだいじな条件で、さいころについては確かに成り立っている（どんな目が出たか、さいころは覚えていない）。実際のできごとで成り立つかどうかは、疑わしいようにも思えるけれど、これを仮定しないと計算を進めにくいので、理論的な計算ではひじょうによく利用される。

　一般の場合を、きちんと整理して書くと、次のようになる。

これは、

1と6が出やすいサイコロ。

〈一般の場合の，パスカル式・確率分布図の作り方〉

①最上段に，「頂点の1」を書く。

②頂点の1から左下に進んでゆく矢印の下には，「右上の数値 $\times p$」を書く。

③頂点の1から右下に進んでゆく矢印の下には，「左上の数値 $\times q$」を書く。

④それ以外のところでは，上段の隣り合う2つの数にそれぞれ $q$, $p$ を掛けて足し合わせ，その答を，2つの数の下に書く：

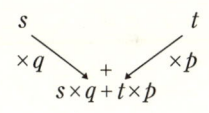

$$\begin{array}{ccc} s & & t \\ \times q \searrow & + & \swarrow \times p \\ & s \times q + t \times p & \end{array}$$

少しだけ実際に描いてみると，図3-14 のようになる。

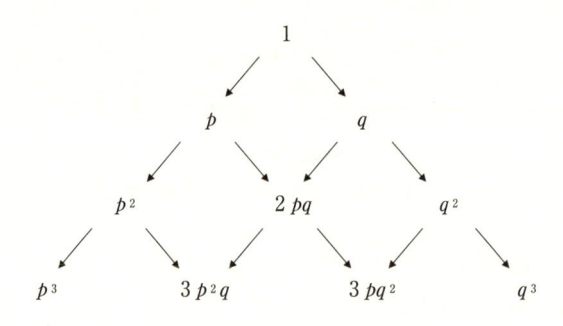

```
                    1
            ↙       ↓       ↘
          p                   q
        ↙   ↘             ↙    ↘
      p²         2 pq           q²
     ↙  ↘      ↙    ↘         ↙   ↘
   p³    3 p²q      3 pq²         q³
```

図 3-14　確率分布図を作る

　ここで，$pq$ とか $p^2q$ などについている係数に注目してほしい。1 文字の式（$p$，$p^2$ など）の係数は 1 であるとすると，

```
                    1
              1           1
          1       2           1
      1       3       3           1
```

が並んでいるが，これらは「パスカルの三角形」そのものではないか!?

　これは決して，偶然ではない。ある位置，たとえば□ $p^2q$ の位置にたどり着くのは，「2 勝 1 敗」の場合だから，どんな道筋であろうとその通りに進む確率は（「独立性」を仮定すれば）$p^2q$ である。そして，「そこまで来る道順が，いくつあるか」によって，係数が決まる。「2 勝 1 敗」であれば

　　○○●，　○●○，　●○○

の3通りであるから係数は3であるが、その数3は、パスカルの三角形で求められるのであった。だからそれはまた、組合せの数でも表される：

係数3 = 道順の数 = $_3C_2 = {_3}C_1$

結局、図3-14は、次のようにも描ける：

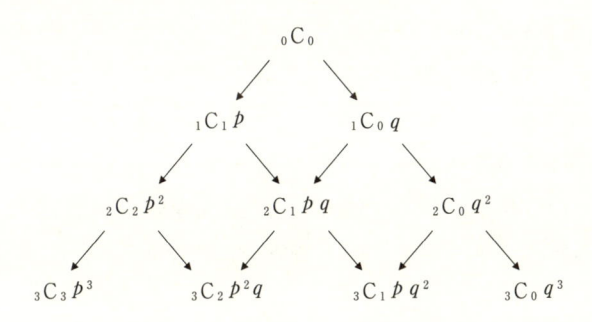

$$
\begin{array}{c}
{_0}C_0 \\
\swarrow \quad \searrow \\
{_1}C_1 p \qquad {_1}C_0 q \\
\swarrow \quad \searrow \quad \swarrow \quad \searrow \\
{_2}C_2 p^2 \qquad {_2}C_1 pq \qquad {_2}C_0 q^2 \\
\swarrow \quad \searrow \quad \swarrow \quad \searrow \quad \swarrow \quad \searrow \\
{_3}C_3 p^3 \qquad {_3}C_2 p^2 q \qquad {_3}C_1 pq^2 \qquad {_3}C_0 q^3
\end{array}
$$

図3-15　図3-14の理論的考察

**注意**　「二項定理」をご記憶の方は、第 $n$ 行が「$(p+q)^n$ を展開した時の各項」になっていることがおわかりであろう。

具体的な数値がほしいときは図3-14が便利で、理論的な考察には図3-15が向いている。

ここから、次のことがわかる。

あるできごと（たとえば「試合に勝つ」）Eが起こる割合が $X$ ％（100回に $X$ 回）であるとする。それなら、そのできごと E が起こらない割合 $Y$ は、100回に $(100-X)$ 回、つまり $Y = (100-X)$ ％である。確率の言葉でいえば、

$$\text{Eが起こる確率 } p = \frac{X}{100},$$

$$\text{Eが起こらない確率 } q = \frac{100-X}{100} = 1 - \frac{X}{100} = 1-p$$

ということである。

---
**事実3-2**

そのできごとEが $n$ 回連続して起こる確率は, $p^n$ である。

---

**事実3-3**

そのできごとEが $n$ 回連続して起こらない（$n$ 回観察する間に, 1回も起こらない）確率は, $q^n$ である。

---

**事実3-4**

そのできごとEが, $n$ 回の観測で $x$ 回起こり, $y=n-x$ 回起こらない確率は, ${}_nC_x p^x q^y$ で表される。

---

**注意** ${}_nC_x = {}_{x+y}C_x = {}_{x+y}C_y$ だから, 上の式を ${}_nC_y p^x q^y$ と書くこともできる。


**応用** プロ野球の日本シリーズで, 実力が同等のチームがぶつかったとき,

　　4勝3敗で終わる確率

はどれくらいか？　ただし

第3章 道順を数える

**前の試合の勝敗は，あとの試合の勝敗に**
**まったく影響しない**

と仮定する。

(解法1) 実力が同等とは，どちらが勝つ確率も同程度，つまり $\frac{1}{2}$ と考えてよい。

ここで勝敗がある順序，たとえば

○●●○●●○

となる確率を考えると，「前の勝敗の結果はあとの勝敗に影響しない」という仮定のもとで，その確率は次のように表される：

$$\frac{1}{2} \times \frac{1}{2} \times \frac{1}{2} \times \frac{1}{2} \times \frac{1}{2} \times \frac{1}{2} \times \frac{1}{2} = \left(\frac{1}{2}\right)^7 = \frac{1}{128}$$

これは○と●の順序に関係ないので，

○○○●●●●,　　●○●○●○●,　　●●●○○○○

のどれであっても「$\frac{1}{128}$」は変わらない。

第2章の応用2（64ページ）によれば，あるチームが4勝3敗で優勝する仕方（順列）は20通りある。また相手チームが4勝3敗で優勝するのも同じく20通りで，「どちらかが4勝3敗で終わる」仕方は全部で40通りある。だから，「それらのどれかが起こる確率」は次のように表せる：

$$\frac{1}{128} \times 40 = \frac{5}{16} = 0.3125$$

つまりおよそ30％程度である。

「実力が同等」であっても，最終戦まで行かずに決着がついて

しまうのが，単純計算では70％ぐらいあることがわかる。

（解法2）前節の結果を使えば，同じ結果が簡単に導き出せる。
まず3勝3敗となる確率は，

$${}_6C_3(0.5)^3(0.5)^3 = 6 \times 5 \times 4 \div 6 \times (0.5)^6$$
$$= 20 \times 0.015625 = 0.3125$$

このあとどちらが勝っても「4勝3敗で終わる」のだから，その確率は 0.3125 である。

同じ仮定のもとで，勝敗のパターンごとの確率は，次のようになる。

単純計算による確率

4勝3敗　　${}_6C_3(0.5)^6 \fallingdotseq 31.3\%$

4勝2敗　　${}_5C_3(0.5)^5 \fallingdotseq 31.3\%$

4勝1敗　　${}_4C_3(0.5)^4 = 25.0\%$

4連勝　　　${}_3C_3(0.5)^3 = 12.5\%$

**注意**　たとえば4勝2敗になるのは，あるチームがまず3勝2敗になり，それからそのチームが勝つ場合である。一方，

Aチームが3勝2敗になり，そのあと勝つ確率

$= {}_5C_3(0.5)^5 \times 0.5$

であるが，優勝するのはどちらのチームでもいいので，ともかく「4勝2敗で終わる確率」は

$({}_5C_3(0.5)^5 \times 0.5) \times 2 = {}_5C_3(0.5)^5$

となる。他の場合も，同様である。

　このような理論的な計算結果は，現実のデータとどれくらいよく合うものだろうか？　私は「念のため」と思って，1950年から2006年までの，プロ野球日本シリーズの結果を調べてみたら，ほんとうに驚いた。**信じられないくらいに，よく合う**のである。

　たとえば全部で57回のうち，4勝3敗も4勝2敗も18回ずつで，比率は

$$18 \div 57 = 0.3157894\cdots$$

で，理論的な確率 0.313 と，ほとんど一致している。年によってはかなりの偏りがありそうなのに，「実力が同程度」と仮定し，しかも「前の試合の勝敗は，あとの試合の勝敗にまったく影響しない」という仮定のもとで計算した結果と，ほかの場合も，じつによく合っている！

|  | 単純計算による確率 | 現実のデータ |
|---|---|---|
| 4勝3敗 | 31.3% | 31.6% |
| 4勝2敗 | 31.3% | 31.6% |
| 4勝1敗 | 25.0% | 24.6% |
| 4連勝 | 12.5% | 12.3% |

**補足**　Aチームが勝つ確率を 0.6，Bチームが勝つ確率を 0.4 とすると，結果は次のようになる。

　　　　　　　Aチームが優勝する確率

4勝3敗　　$_6C_3(0.6)^4(0.4)^3 = 16.6\%$

4勝2敗　　$_5C_2(0.6)^4(0.4)^2 = 20.7\%$

4勝1敗　　$_4C_1(0.6)^4(0.4) = 20.7\%$

4連勝　　　$(0.6)^4 = 13.0\%$

合計　　　　71.0%


　　　　　　　Bチームが優勝する確率

4勝3敗　　$_6C_3(0.6)^3(0.4)^4 = 11.1\%$

4勝2敗　　$_5C_3(0.6)^2(0.4)^4 = 9.2\%$

4勝1敗　　$_4C_3(0.6)(0.4)^4 = 6.1\%$

4勝0敗　　$(0.4)^4 = 2.6\%$

合計　　　　29.0%


　Aチームが優勝する確率は,「1回の試合で勝つ確率」0.6（＝60％）より当然大きくなっている。しかしBチームが優勝する確率も30％近く残っているのが,「短期決戦」のこわさである。

# 第4章 分割の仕方を数える

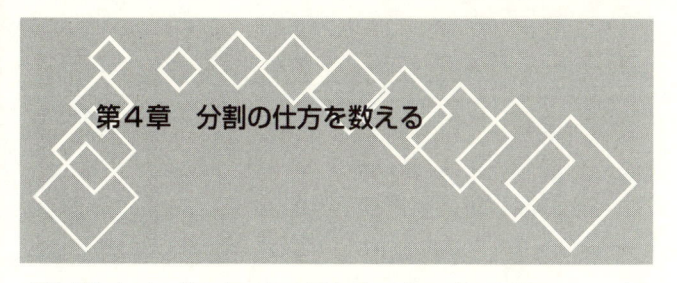

「分割」とは,「いくつかの同じものをいくつかのグループに分ける」ことで,数学的には $7 = 6 + 1 = 3 + 3 + 1$ のように,「数 $n$ をいくつかの数の和で表す」ことと言ってもよい。それが何通りあるかについては,いろいろな事実が知られている。

## 4.1 袋詰めの仕方

例題1-4 (再掲)ロシアで買った8組の同じトランプを,適当に分けていくつかの袋に入れる。不公平でもよいとすると,何通りの分け方があるか? ただし袋は,数は十分(8つ以上)あるが,どれも同じで区別がつかないとする(どの袋に入れるかは,問題にしない)。

袋に区別がある場合には，次のように数えられる。

○｜○｜○｜○｜○｜○｜○｜○

　　　　　　　　　　　　…8つの袋に1組ずつ，

○○｜○○｜○○｜○○　…4つの袋に2組ずつ，

○○○｜○○○｜○○　…3つの袋に3, 3, 2と入れる，

○○｜○○○｜○○○　…3つの袋に2, 3, 3と入れる

しかし今度は，「袋はどれも同じ」なので，3つの袋に「3, 3, 2」と入れる

○○○｜○○○｜○○

と「2, 3, 3」と入れる

○○｜○○○｜○○○

とは，同じ入れ方とみなされ，別に数えてはいけない。

ここで，「袋の中のおみやげの数」を明示する，

○○○｜○○○｜○○　→　3+3+2,

○○｜○○○｜○○○　→　2+3+3

のような書き方を使ってみよう。たとえば8個のものを3つの袋に入れる仕方は，

$8 = x + y + z$

のように表される。2つの袋に分けるのなら

$8 = x + y$

だし，1つの袋に分ける（入れる）のなら，その仕方は

$8 = 8$　…　○○○○○○○○

しかない。

なおこのように「ある数□を，それ以下の数の和で表す」こ

第4章 分割の仕方を数える

とは,

「数□の**分割**(partition)」

と呼ばれるので,このような「袋詰めの仕方」は**「分割の仕方」**ともいえる。

では,「同じとみなされる入れ方を,数えないようにする」ためには,どうすればいいだろうか? それには,「袋の順序を変えると同じになる入れ方」のうち,代表者を決めてしまえばよい。たとえば

$$8 = 3+3+2 = 3+2+3 = 2+3+3$$

は,「袋の順番を変えればどれも同じになる」が,そのうち

　　袋の中のおみやげの数が,大きい順に並んでいる

ものといえば,数が大きい順に並んでいる,

　　$3+3+2$ … ○○○ | ○○○ | ○○

だけである――そのような「代表」だけを数えれば,違う入れ方だけをちゃんと数えることができるに違いない。これをまず,トランプ4組の場合について実行してみよう。

① 1つの袋:これは1通りしかない。 $4=4$
② 2つの袋: $4=3+1$
$\phantom{② 2つの袋:} =2+2$

　ほかにも $1+3$ が考えられるが,これは「代表」ではない(代表 $3+1$ と同じ)ので,数えなくてよい――「4つの同じものを,2つの同じ袋に入れる」仕方は,2通りである。
③ 3つの袋:これは $2+1+1$ (○○ | ○ | ○) の1通りしかない。たとえば

$$1+2+1 \quad \cdots \quad \bigcirc|\bigcirc\bigcirc|\bigcirc$$
$$1+1+2 \quad \cdots \quad \bigcirc|\bigcirc|\bigcirc\bigcirc$$

はどちらも，袋の順番を変えれば $2+1+1$ と同じになる。

④ 4つの袋に入れる：これは明らかに $1+1+1+1$ の1通り。

結局，あわせて5通りである。

この記法では「代表」は，
$$x+y+\cdots+z, \quad x \geqq y \geqq \cdots \geqq z$$
で表されるから，慣れると重複は避けられるし，見落としも少なくてすむ。そこで次は

　　　トランプ5組を分ける仕方

に挑戦してみよう。

　　　1つの袋：5
　　　2つの袋：4+1,
　　　　　　　3+2
　　　3つの袋：3+1+1
　　　　　　　2+2+1
　　　4つの袋：2+1+1+1
　　　5つの袋：1+1+1+1+1

合計7通りであった。

それでは例題1-4に戻ろう。少し長くなるが，どなたでも「やればできる」のではないだろうか？（ほんとうにやる必要はありません！）

　　　1つの袋：　8　…1通り，

### 第4章　分割の仕方を数える

2つの袋：　7+1

6+2

5+3

4+4　…4通り，

3つの袋：　6+1+1

5+2+1

4+3+1

4+2+2

3+3+2　…5通り，

4つの袋：　5+1+1+1

4+2+1+1

3+3+1+1

3+2+2+1

2+2+2+2　…5通り，

5つの袋：　4+1+1+1+1

3+2+1+1+1

2+2+2+1+1　…3通り，

6つの袋：　3+1+1+1+1+1

2+2+1+1+1+1　…2通り，

7つの袋：　2+1+1+1+1+1+1　…1通り，

8つの袋：　1+1+1+1+1+1+1+1　…1通り，

**答**　合計：　1+4+5+5+3+2+1+1=22通り

このように書き出せば，「同じ分け方」がダブる心配はまず

ない。気をつけないといけないのは,「見落とし」である。それを避けるには,いろいろな例について何回も練習して,慣れるという方法もあるが,

$p(m, n) = m$ 個の同じ品物を,$n$ 個の同じ袋に分ける

仕方の数(**空袋は許さない**)

のような記法を決めて,その性質を調べる,という手もある。

記号を嫌う人も多いのだけれど,記号は慣れてしまえば「それなりの威力」を発揮してくれるので,まずは「記号に慣れるための練習」をしておこう。

「空袋を許さない」だから,

3つのものを3つの袋に入れる:$p(3, 3) = 1$(通り),

3つのものを5つの袋に入れる:$p(3, 5)$(**不可能!**)$= 0$

などは明らかであろう。前者のように「品物の数と袋の数が一致している」ときは,「1つずつ入れる」しかないので,分け方は1通りである:

$p(1, 1) = p(2, 2) = p(3, 3) = p(4, 4) = \cdots = 1$

また後者のように袋の方が多ければ,もちろん入れようがないので,分け方は0通りである(図4-1)。

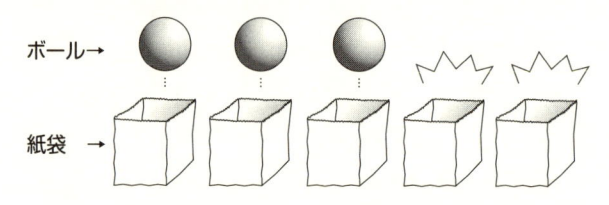

図4-1 3つのボールを5つの袋には入れられない

第4章 分割の仕方を数える

では品物の方が多い場合は,どう考えればよいだろうか。たとえば

　　$p(5, 1)$ …5個の品物を,1つの袋に入れる

は簡単で,1つの袋に5個全部を入れるしかないのだから,1通りである。また

　　$p(3, 2)$ …3個の品物を,2つの袋に入れる

のは,まず2つの袋に1つずつ入れて(これで空袋がなくなる),残りの1個をどちらかの袋に入れればよいが,「どちらに入れても(同じ袋だから)同じ分け方」とみなされるので,結局1通りしかない。

　　$p(5, 1) = 1$,
　　$p(3, 2) = 1$

というわけである。

そろそろ,ちょっと手ごわいところに取りかかってみよう。

　　$p(8, 4)$ …8個の品物を,4つの袋に入れる

場合,まず8個のうちの4個を,4つの袋に1つずつ入れてみる(110ページ図4-2):

　　1+1+1+1

あとは残り4個を,4つの袋に分ければよいのであるが,どの袋にもすでに1つずつ入っているので,今度は「空袋」の心配はない。そのため「追加の仕方」を,次のように分けて考えることができる。

1) 4つの袋に,1個ずつ追加: 　2+2+2+2 　になる。
2) 3つの袋に,1個以上追加: 　3+2+2+1 　になる。

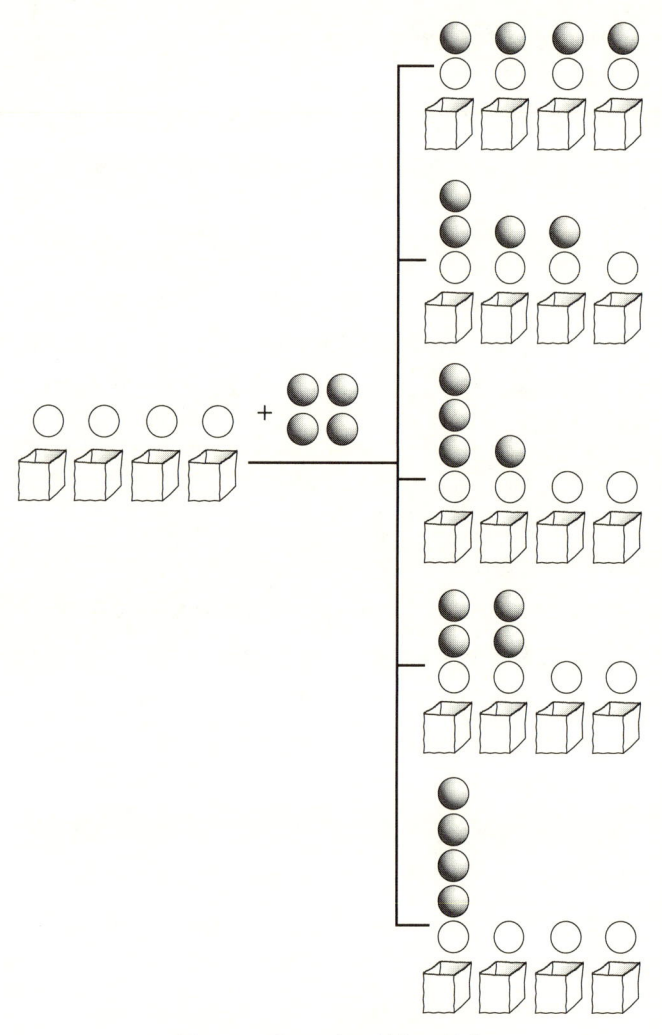

図 4-2 残り 4 個の追加の仕方

## 第4章 分割の仕方を数える

3) 2つの袋に, 1個以上追加: 4+2+1+1 かまたは
3+3+1+1 になる。
4) 1つの袋に, 4個とも追加: 5+1+1+1 になる。

107ページで書き出した「4つの袋には, 5通り」の内容が, このように分けられるのである。

ここで, たとえば

3) 残り4個を, 2つの袋に追加する仕方

の数が, ちょうど $p(4, 2)$ に一致することに気づけば, それはかなりの大発見である。

ほかの場合も, よく見ると次のようになっている (図4-2)。
1) 4個を4つの袋に追加: $p(4, 4) = 1$ 通り,
2) 4個を3つの袋に追加: $p(4, 3) = 1$ 通り,
3) 4個を2つの袋に追加: $p(4, 2) = 2$ 通り,
4) 4個を1つの袋に追加: $p(4, 1) = 1$ 通り

そこから, 次の等式が導かれる:

$$p(8, 4) = p(4, 4) + p(4, 3) + p(4, 2) + p(4, 1)$$

これがわかれば, 同じように考えて, たとえば

$$p(4, 3) = p(4-3, 3) + p(4-3, 2) + p(4-3, 1)$$

が成り立つことも, ほとんど明らかであろう——まず4個のうちの3個を3つの袋に入れ, 残り1個を3つのうちどれか1つの袋に追加する, と考えればよい。そして

$$p(1, 3) = p(1, 2) = 0, \quad p(1, 1) = 1$$

であるから (空袋を許さない!),

$$p(4, 3) = 1$$

がわかる。同様に

$$p(4,2) = p(2,2) + p(2,1)$$
$$= 1 + 1 = 2$$

となるから,

$$p(4,4) = p(4,1) = 1$$

とあわせて,

$$p(8,4) = p(4,4) + p(4,3) + p(4,2) + p(4,1)$$
$$= 1 + 1 + 2 + 1$$
$$= 5$$

が (計算だけで) 得られた。

大事な公式を, 一般の場合についてまとめておこう。

―|| 事実4-1 ||―――――――――――――――――

1) $m < n$ のとき, $p(m,n) = 0$

2) $m = n$ のとき, $p(m,n) = 1$

3) 任意の $m \geq 1$ について, $p(m,1) = 1$

4) $m > n$ の場合,
$$p(m,n) = p(m-n,n) + p(m-n,n-1) + p(m-n,n-2) + \cdots$$
$$\cdots + p(m-n,3) + p(m-n,2) + p(m-n,1)$$

――――――――――――――――――――――――

〈例〉 $p(8,3) = p(5,3) + p(5,2) + p(5,1)$
$$= [p(2,3) + p(2,2) + p(2,1)]$$
$$+ [p(3,2) + p(3,1)]$$
$$+ 1$$
$$= (0+1+1) + (1+1) + 1 = 5,$$

$$p(8,5) = p(3,5) + p(3,4) + p(3,3) + p(3,2) + p(3,1)$$
$$= 0+0+1+1+1 = 3$$

このように「記号を利用して計算」すれば,見落としの危険はまずなくなる。

---
**事実4-2**

$m$ 個の同じ品物をいくつかの同じ袋(何袋でもよい)に分ける仕方の数を $p(m)$ とすると,
$$p(m) = p(m,1) + p(m,2) + \cdots + p(m,m)$$

---

この数 $p(m)$ は**分割数**と呼ばれる。

事実4-2 で示したような,「計算しやすい場合に帰着させる」公式は,よく**漸化式**と呼ばれる。これに対して,たとえば

$$p(m,1) = 1$$

のように,直接数値(あるいは式)で答を表してくれる公式を,やや専門的な用語であるが「**閉じた公式**」と呼ぶ——そこだけで(閉じた世界で)答が出てしまう,という気分である。もちろん漸化式より,閉じた公式が分かっていれば都合がよいことが多い。しかし分割数については,簡明な閉じた公式は知られておらず,扱いにくい数である。分割数の専門家 G. E. アンドリュースは,その著書の中で,次のように述べている。

「読者は分割関数 $p(n)$ 以上に複雑な関数に
これまで出会ったことがあるかどうか,
おそらくはないであろう」

(『整数の分割』G.E.アンドリュース，K.エリクソン著，佐藤文広訳，数学書房，26ページ)

$p(m,n)$ については，閉じた公式がないわけではないが，非常に複雑である。ただ，次のような場合は，簡単な式で表される。

1) $p(m,2) = (m \div 2)$ の端数切り捨て
2) $p(m,3) = ((m^2+3) \div 12)$ の端数切り捨て

このうち 1) は，たとえば $m=7, 8$ などについて書き出してみれば，すぐ理解できると思う：

$m=7$ のとき　　　$m=8$ のとき

6+1,　　　　　　　7+1,

5+2,　　　　　　　6+2,

4+3　　　　　　　5+3,

　　　　　　　　　4+4

少ない方の数に注目すると，どちらも半分（の端数切り捨て）のところで止まっている！

**注意**　3+4 は，「同じ袋への分け方」としては，4+3 と同じである。

しかし2)のほうは，証明がむずかしいので，ここでは応用例だけ挙げておこう。

⟨例⟩ $p(8,3) = (8^2 + 3) \div 12$の端数切り捨て

$= (67 \div 12)$の端数切り捨て

$= 5.583\cdots$の端数切り捨て $= 5$

## 4.2　条件つき分割数

今度はおみやげ8個を袋に分ける，例題1-4 の続きを考えてみよう。

例題1-4A （再掲：奇数個への分割）「偶数個は縁起が悪い」という人がいるので，どの袋にも奇数個のおみやげを入れることにした。何通りの入れ方があるか？

例題1-4B （再掲：異なる数への分割）「差をつけてくれ」という人がいるので，どの袋にも違った数のおみやげを入れることにした。何通りの入れ方があるか？

前節で使った「分け方」の記法を使えば，

　　6個を奇数個ずつに分ける

仕方は次のように書き表せる：

　　$6 = 5 + 1$

　　　$= 3 + 3$

　　　$= 3 + 1 + 1 + 1$

　　　$= 1 + 1 + 1 + 1 + 1 + 1$

ほかにはないので，4通りである。では
　　　6個を異なる数に分ける
のは何通りだろうか。
　　　6=6
　　　　=5+1
　　　　=4+2
　　　　=3+2+1
の，やはり4通りである——今度は偶数個でもよいので，「6個を1つの袋に入れる」のも許される。それが最初の
　　　　=6
である。

　例題に戻って，8個を奇数個ずつに分ける仕方は，次の6通りである：
　　　8=7+1
　　　　=5+3
　　　　=5+1+1+1
　　　　=3+3+1+1
　　　　=3+1+1+1+1+1
　　　　=1+1+1+1+1+1+1+1
　また
　　　8個を異なる数に分ける
仕方も，同じく6通りある：
　　　8=8
　　　　=7+1

$$=6+2$$
$$=5+3$$
$$=5+2+1$$
$$=4+3+1$$

このように,同じ数を「奇数個ずつに分ける」仕方の数と「異なる数に分ける」仕方の数は,確かに一致する。しかし6と8という,偶数個の場合しか調べなかったので,7の場合もやってみよう。

〈奇数個ずつへの分割〉　　　〈異なる数への分割〉

$7=7$　　　　　　　　　　　$7=7$

　$=5+1+1$　　　　　　　　　$=6+1$

　$=3+3+1$　　　　　　　　　$=5+2$

　$=3+1+1+1+1$　　　　　　$=4+3$

　$=1+1+1+1+1+1+1$　　　$=4+2+1$

どちらも5通りである！

ここからさらに,次の問題が派生する。

---

例題1-4C　（再掲）8個のおみやげについては,「奇数個への分割が何通りか」の答と「異なる数への分割が何通りか」の答は一致する。じつはおみやげの個数は8個に限らず,13個でも27個でも,100万個でも,これらの答は必ず一致する。**なぜだろうか？**

---

「答が必ず一致する」ことは,次の定理で保証されている。

> **事実4-3(オイラーの定理)**
>
> $n$ 個の同じものを,いくつかの同じ袋に分けるとき,
>
> (ア) すべてを奇数個ずつに分ける仕方の数
>
> と
>
> (イ) どの2つも異なる数に分ける仕方の数
>
> とは,いつでも一致する。

この事実はかなり古くから知られていたかもしれないが,はじめて証明したのは,小川洋子さんの『博士の愛した数式』(新潮社)にも名前が出てくる,スイス生まれの偉大な数学者,オイラー先生(L.Euler, 1707-1783)である。
「なぜだろうか?」という問に答えるには,この定理の証明が参考になるが,オイラーは「無限級数」(母関数・第8章参照)という高級な道具を使っている。ここではもっと初等的な方法を紹介しよう。

〈証明〉「奇数個ずつに分ける仕方」と「異なる数に分ける仕方」との間に,1対1で洩れのない対応をつけられることを示せばよい。まず $n=8$ の場合について,具体的な対応のさせ方を説明しよう。奇数個へのひとつの分け方,たとえば

  5+3

は,このままで「異なる数に分ける仕方」にもなっているので,これはそのままにしておく(自分自身に対応させる,といってもよい)。また

第4章 分割の仕方を数える

$$3+1+1+1+1+1$$

は,「異なる数への分け方」にはなっていないので,次のような方法で,分け方を修正する。

(1) □+□ を,2□ に置き換える

〈例〉$3+1+1+1+1+1 \to 3+2+2+1$

その結果にまだ同じ数が含まれていたら,同じ操作を何回でも繰り返す。そうすれば必ず,「異なる数への分け方」に到達する:

〈例〉$3+1+1+1+1+1 \to 3+2+2+1 \to 3+4+1=4+3+1$

これが適用できなくなるのは,「異なる数への分け方」に到達したときだけである。

次に,逆の操作

(2) 偶数2□を,□+□ に置き換える

に注目してみよう。どんな「異なる数に分ける仕方」でも,偶数を含んでいれば,このやり方で(必要なら何回でも繰り返して),「奇数個ずつに分ける仕方」に移れる。これが行き詰まるのは,「奇数個ずつに分ける仕方」に到達したときだけである。

ところで (1) と (2) とは,逆の操作であるから,

　　　奇数個ずつに分ける仕方A に (1) を適用して,

　　　異なる数に分ける仕方B に到達した

のなら,

　　　B に (2) を適用すれば,A に戻る

はずである。だから対応は1対1で,対応洩れはない——第1章（49ページ）で学んだ,**逆対応の術**である！

〈例〉7+1 …このままで，異なる数に分ける仕方にもなっている。

5+3 …このままで，異なる数に分ける仕方にもなっている。

以下 (1) を→で示し，(2) を⇒で示す。

5+1+1+1 → 5+2+1 ⇒ 5+1+1+1

3+3+1+1 → 6+2 ⇒ 3+3+1+1

3+1+1+1+1+1 → 3+2+2+1 → 3+4+1
=4+3+1,

4+3+1 ⇒ 2+2+3+1=3+2+2+1
⇒ 3+1+1+1+1+1

1+1+1+1+1+1+1+1 → 2+2+2+2
→ 4+4 → 8,

8 ⇒ 4+4 ⇒ 2+2+2+2
⇒ 1+1+1+1+1+1+1+1


($n = 8$ の場合のまとめ)

| 奇数個ずつへの分割 | | 異なる数への分割 |
|---|---|---|
| 7+1 | ……共通…… | 7+1 |
| 5+3 | ……共通…… | 5+3 |
| 5+1+1+1 | ⟷ | 5+2+1 |
| 3+3+1+1 | ⟷ | 6+2 |
| 3+1+1+1+1+1 | ⟷ | 3+4+1=4+3+1 |
| 1+1+1+1+1+1+1+1 | ⟷ | 8 |

1対1で洩れのない対応 (1)，(2) は，品物の数 $n$ とは無関

第4章 分割の仕方を数える

係に，いつでも使える。だから $n=12$ でも $n=356$ でも $n=$ 100万でも，いつでも

　　奇数個ずつへの分け方の数＝異なる数への分け方の数

が成り立つ。〈証明終わり〉

## 4.3　オイラーの定理の拡張

オイラーの定理は，次のように言い換えられる。

まず「奇数」とは，「2で割り切れない数」と言い換えられる。また「異なる数（に分ける）」とは，「同じ数がせいぜい $(2-1)$ 個」ともいえる。そこで……

---
**事実4-3′**

$n$ 個の同じ品物を，いくつかの同じ袋に分けるとき，

　（ア）　2で割り切れない数に分ける仕方の数

と

　（イ）　同じ数がせいぜい $(2-1)$ 個であるように分ける
　　　　仕方の数

とは，いつでも一致する。

---

これは単なる言い換えで，これだけでは「趣味が悪い！」といわれても仕方がない。しかし「次のようなことも成り立つ」としたら，どうだろうか？

---
**事実4-4**

$n$ 個の同じ品物を，いくつかの同じ袋に分けるとき，

(ウ) 3で割り切れない数に分ける仕方の数

と

　　　(エ) 同じ数がせいぜい (3−1) 個であるように分ける
　　　　　仕方の数

とは，いつでも一致する。

**注意** (ウ) は「3の倍数は使えない」，(エ) は「同じ数を3回以上使ってはいけない（2回までならよい）」，ということである。

〈例〉 $n=5$ のときは，どちらも5通りである。

　　　分け方(ウ)　　　　　分け方(エ)

　　　$5=5$　　　　　　　$5=5$

　　　$\phantom{5}=4+1$　　　　　　$\phantom{5}=4+1$

　　　$\phantom{5}=2+2+1$　　　　$\phantom{5}=3+2$

　　　$\phantom{5}=2+1+1+1$　　$\phantom{5}=3+1+1$

　　　$\phantom{5}=1+1+1+1+1$　$\phantom{5}=2+2+1$

‖ **事実4-5** ‖

$k$ を2以上の任意の自然数とする。

$n$ 個の同じ品物を，いくつかの同じ袋に分けるとき，

　　　(オ) $k$ で割り切れない数に分ける仕方の数

と

　　　(カ) 同じ数がせいぜい (k−1) 個であるように分ける
　　　　　仕方の数

## 第4章 分割の仕方を数える

とは,いつでも一致する。

最後の事実4-5,すなわち一般の場合を証明しておこう——ここでも「逆対応の術」が役に立つ。

〈証明〉オイラーの定理の証明のように,分け方(オ),(カ)の間に「1対1の対応」がつけられる。

(1) (オ)から(カ)へ:同じ数□が $k$ 個あったら,それらを $k \times \square$ にまとめる——これを「同じ数がせいぜい $(k-1)$ 個になる」まで続ける。

(2) (カ)から(オ)へ:$k$ の倍数 $k \times \square$ があったら,それを $k$ 個の□の和に分ける——これを「$k$ の倍数がなくなる」まで続ける。

これらは「両方を行えば元に戻る」互いに逆の操作であるから,「1対1で洩れのない対応」になるのは,明らかといってよいであろう。

〈例〉$k = 3$,$n = 5$ の場合:

分け方 (オ) = (ウ)     分け方 (カ) = (エ)

$$5 \quad \cdots\cdots 共通 \cdots\cdots \quad 5$$
$$4 + 1 \quad \cdots\cdots 共通 \cdots\cdots \quad 4 + 1$$
$$2 + 2 + 1 \quad \cdots\cdots 共通 \cdots\cdots \quad 2 + 2 + 1$$
$$2 + 1 + 1 + 1 \longleftrightarrow 2 + 3 = 3 + 2$$
$$1 + 1 + 1 + 1 + 1 \longleftrightarrow 3 + 1 + 1$$

## 第5章 増えてゆくものを数える

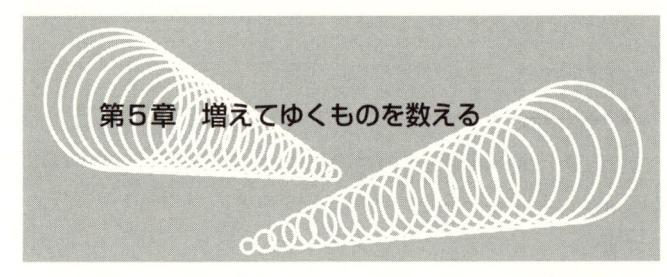

　ここでは，急速に増えてゆくねずみ・ウサギ・構文解釈の仕方等々について，その増え方を一般的な公式で表すことをめざす。結果は指数関数，フィボナッチ数，カタラン数にまとめられ，漸化式といわゆる「閉じた公式」が紹介される。

### 5.1　増えてゆくねずみ

#### ◆ 曾呂利新左衛門とねずみ算

　頓知・頓才で豊臣秀吉に気に入られた曾呂利新左衛門に，次の逸話が残っている。

　秀吉からごほうびをもらえることになった曾呂利新左衛門は，「何を望むか」と聞かれて，次のように答えた。

> 「米粒を，畳の上にくださいませ。最初の1畳には1粒，次の1畳には2粒，3畳目には4粒，というように，倍々にして，この広間ぶん頂きたく存じます」

秀吉は何と小さな望みかと思ったが，実際に計算してみると大変な量になることがわかり，新左衛門の知恵をほめたという。

　秀吉が「何と小さな」と思ったのも無理はない。6畳間なら

$$1+2+4+8+16+32=63\text{（粒）}$$

で，おちょこ1杯にも満たない。しかし50畳の大広間だと，これが

1125兆8999億684万2623（粒）

になる。これが一体どれくらいの分量になるのか，見当がつく方はおられるだろうか？　私が5mlの手製のますで測ってみたところ，1回目は226粒，2回目には216粒のお米（胚芽米）が入ったので，

442粒で10ml

として計算すると，およそ2547万$m^3$になる。これは東京ドーム（容積124万$m^3$）の20倍を超える，すさまじい量である！

このように「一定の倍率で，次々に増える」のは，ねずみの繁殖力に敬意を表して，よく「ねずみ算」と呼ばれる。ついでながら，ねずみ算を取り上げた江戸時代の書物，吉田光由の『塵劫記』（寛永8年版，1631）には，次のような「七倍の繰返し」で出題されている。

問題5-1　正月に，メス・オス1つがいのねずみが6つがいの子を産んだ。それ以後は毎月，どのつがいも6つがいの子を産むとすると，12月にはねずみは何匹になっているか？

（答）1つがいであったねずみが，正月に6つがい増えて7つがいになり，以後毎月7倍になるのだから，

2月には　　$7 \times 7 = 49$（つがい），

3月には　$7×7×7=49×7=343$（つがい）

という調子で増え続け，12月末には

　　$7×7×7×7×7×7×7×7×7×7×7×7$（12個の7の積，$7^{12}$）

　　$=138億4128万7201$（つがい）

になる。だから正解はその2倍で，

　　276億8257万4402匹

であった。いくらねずみでも，そんなに早く成熟して，しかも老化せずに大量の子ねずみを産み続けるとは思えないが，おおらかな江戸時代ならではのユーモア感覚であろう。

◆「成長率一定」の恐ろしさ

　倍々でなくても，「一定の倍率を次々と掛けていく」のは，急速な増加をもたらすことが知られている。身近な例が「借金の利息」で，たとえば江戸時代にあった「十一」といわれる，「10日で1割」という利率で1万円を借りたとしよう。そのあと返さないでいると借金がどう増えるかは，「複利法」（利子にも利

子がつく,これがふつう)と「単利法」(最初の元金だけに利子がつく)とで全然違ってくる。たとえば50日後だと,次のようになる。

〈複利法〉「1.1倍」を5回繰り返すので,

$10000 \times 1.1 \times 1.1 \times 1.1 \times 1.1 \times 1.1 = 10000 \times 1.1^5 = 16105$

〈単利法〉利子が期間に比例するので,

$10000 + (10000 \times 0.1 \times 5) = 15000$

これくらいだと「まあ大差ない」ように見えるが,もっと長期になると,恐ろしいことになる。

|  | 複利法 | 単利法 |
| --- | --- | --- |
| 100 日後 …… | 25937 | 20000 |
| 180 日後 …… | 55599 | 28000 |
| 360 日後 …… | 309126 | 46000 |
| 730 日後 …… | 10511531 | 83000 |

**注意** ここは検算をしやすいように,たとえば180日後を

$10000 \times 1.1 \times 1.1 \times \cdots \times 1.1$(1.1を18回掛ける,$10000 \times 1.1^{18}$)

として計算して,最後に端数を切り捨てている。銀行では利息を計算するたびに「円未満の端数切り捨て」を行っているが,それを考慮に入れても2年後は1050万8032円で,大勢には影響ない。

複利法だと,1万円の借金は1年たたないうちに30万円を超え,2年もすれば1000万円を超える。これは極端な例と思われるかもしれないが,庶民の感覚は「比例計算」(単利法)に慣

れているため,「複利法」のような増え方はピンと来ないところがあるらしく, 借金地獄に落ち込む人々が, 後を絶たない。

ついでながら, 以前
　　「むずかしい数学は教えなくてよい。
　　正比例がわかればいい」
と仰せになった, 中央教育審議会のお偉い先生がいたが, たぶん借金で苦労なさったことがないのであろう。自分で使わないものを「要らない」というなら, 英語も社会もましてや小説も, 要らないという人が少なくないにちがいない。

これが預ける方だと, のんきな笑い話も作れる（アイデアは『おかしなデータ・ブック』R.ハウインク著, 金子務訳, 朝日出版社, 183ページにある）。

西暦1600年, 関ヶ原の戦いに勝った徳川家康が, 記念に100円（相当の小銭）を銀行（そんなものがあったとして）に預け, 年利5％の利子がついたとすると, 400年後の西暦2000年には, ざっと300億円になっている。源頼朝の遺言で西暦1200年に, 政子夫人が100円を同じ利息で預けたとすると, 西暦2000年には全日本国民に, 1人あたりざっと704億円ずつ配れる金額になっている！

これが単利法だと800年後でもたったの4100円であるし, 金利が 0.5％で「円未満の端数は切り捨て」とすると,「800年の複利」でも100円は100円のままである。今のような超低金利時代には, 庶民は金利で潤うことなど, 超・長期的にも期待できない！

第5章 増えてゆくものを数える

---
**〈参考〉複利法の電卓での計算法**

A = 10000×1.1$^{18}$ を電卓で計算するには,次のようなテクニックがある(「指数法則」の知識が必要なので,ご存じない方は無視してください)。

① A = 1.1$^{18}$×10000 = ((1.1)$^8$×1.1)$^2$×10000
   = ((((1.1)$^2$)$^2$)$^2$×1.1)$^2$×10000

と変形して計算する。

② ほとんどの電卓で,表示窓に出ている数の2乗を求めるには,$\boxed{\times}$ キーと $\boxed{=}$ キーを続けて押せばよい。

だから

$\boxed{1}\boxed{.}\boxed{1}\boxed{\times}\boxed{=}\boxed{\times}\boxed{=}\boxed{\times}\boxed{=}\boxed{\times}\boxed{1}\boxed{.}\boxed{1}\boxed{=}\boxed{\times}\boxed{=}$

と押すだけで,1.1$^{18}$(18個の1.1の積)が求まる。続けて $\boxed{\times}\boxed{=}$ を押せば,1.1$^{36}$ が求まる!

---

## 5.2 増えてゆくウサギ

### ◆ フィボナッチの問題

フィボナッチ(ピサのレオナルド,1170?-1250?)はイタリアの数学者であるが,次のような問題を考えた。

**問題5-2** メス・オス1つがいの子ウサギがいる。彼らは1ヵ月経つと成熟して,さらに1ヵ月後から,毎月1つがいの子ウサギを産む。生まれた子ウサギも同様に,1ヵ月で成熟し,

その1ヵ月後から毎月1つがいの子ウサギを産むという。1年後には、何つがいのウサギがいるか？ 2年後は？

そんなに早くから、どんどん子を産み続けるウサギはいないと思うが、『塵劫記』のねずみよりはちょっぴり現実的で、おもしろい話ではある。少し図解してみると（図5-1）：

| 月 | 1 | 2 | 3 | 4 | 5 | … |
|---|---|---|---|---|---|---|
| 子ウサギのつがい数 | 1 | 0 | 1 | 1 | 2 | … |
| 成熟したつがい数 | 0 | 1 | 1 | 2 | 3 | … |
| 合計 | 1 | 1 | 2 | 3 | 5 | … |

□：子ウサギのつがい
■：成熟したつがい
----→：出産

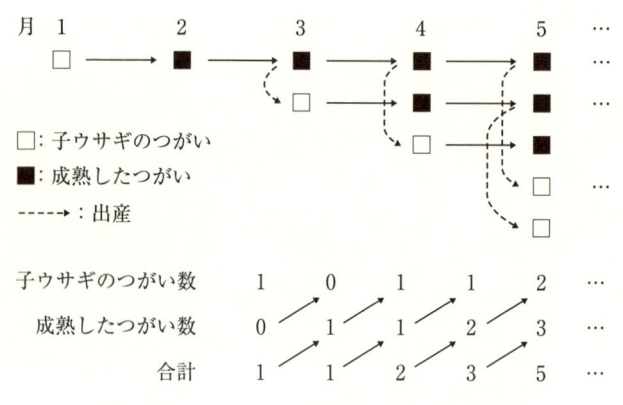

図 5-1　フィボナッチ式の，ウサギの増え方

毎月の「つがい数」を眺めると、次のことが読み取れる。
①ある月の「成熟したつがい数」だけ、翌月は子ウサギのつがいが生まれて、そのぶんだけ「合計つがい数」がふえる。
②ある月の「成熟したつがい数」は、その前の月の「合計つがい数」に一致する。

子ウサギは成熟し、すでに成熟したつがいは老化も死滅もし

## 第5章 増えてゆくものを数える

ない(羨ましい!)のだから,それはあたりまえである。したがって,第3月以後はいつでも

　　先月の合計つがい数+現在の合計つがい数
　=現在の成熟したつがい数+現在の合計つがい数
　=翌月に生まれるつがい数+現在の合計つがい数
　=翌月の合計つがい数

となるはずである。

〈例〉　第1月のつがい数1+第2月のつがい数1
　　　=第3月のつがい数2,
　　　第2月のつがい数1+第3月のつがい数2
　　　=第4月のつがい数3,
　　　第3月のつがい数2+第4月のつがい数3
　　　=第5月のつがい数5

### ◆ フィボナッチ数とその増え方

最初の月を第1月として,第 $n$ 月のつがい数を $F_n$ で表すことにしよう。

$$F_1=1, \quad F_2=1$$

から始めて,ルール

$$F_{n-1}+F_n = F_{n+1} \quad \cdots(\#)$$

で求められる「ウサギのつがい数」$F_3, F_4, F_5, \cdots$ を**フィボナッチ数**という。

**注意**　$F_0=0, F_1=1$ から始める流儀もあるが,$F_2=F_0+F_1=0+1=1$ となってあとは同じだから,$F_n$ の値は変わらない。

フィボナッチ数は，この漸化式（#）で，すらすら計算できる。少し計算してみると，次のようになる：

| $n$ | 1 | 2 | 3 | 4 | 5 | 6 | 7 | 8 | 9 | 10 | 11 | 12 | 13 | 14 | 15 | 16 |
|---|---|---|---|---|---|---|---|---|---|---|---|---|---|---|---|---|
| $F_n$ | 1 | 1 | 2 | 3 | 5 | 8 | 13 | 21 | 34 | 55 | 89 | 144 | 233 | 377 | 610 | 987 |

しかし，次のような「閉じた公式」も知られている。

**事実5-1（ビネの公式）**

$$F_n = \frac{1}{\sqrt{5}} \left( \left( \frac{1+\sqrt{5}}{2} \right)^n - \left( \frac{1-\sqrt{5}}{2} \right)^n \right)$$

フィボナッチ数はみな自然数なのに，公式には無理数 $\sqrt{5}$ が現れる。ふしぎなことであるが，計算してみると $\sqrt{5}$ はいつでも消えて，自然数の答になることがわかる。

〈検算〉

$$F_1 = \frac{1}{\sqrt{5}} \left( \left( \frac{1+\sqrt{5}}{2} \right)^1 - \left( \frac{1-\sqrt{5}}{2} \right)^1 \right)$$

$$= \frac{1}{\sqrt{5}} \left( \frac{1+\sqrt{5}}{2} - \frac{1-\sqrt{5}}{2} \right)$$

$$= \frac{1}{\sqrt{5}} \left( \frac{1+\sqrt{5}-1+\sqrt{5}}{2} \right)$$

$$= \frac{1}{\sqrt{5}} \times \frac{2\sqrt{5}}{2} = \frac{1}{\sqrt{5}} \times \sqrt{5} = 1,$$

$$F_2 = \frac{1}{\sqrt{5}} \left( \left( \frac{1+\sqrt{5}}{2} \right)^2 - \left( \frac{1-\sqrt{5}}{2} \right)^2 \right)$$

$$= \frac{1}{\sqrt{5}} \left( \frac{1+2\sqrt{5}+5}{4} - \frac{1-2\sqrt{5}+5}{4} \right)$$

$$= \frac{1}{\sqrt{5}} \left( \frac{1+2\sqrt{5}+5-1+2\sqrt{5}-5}{4} \right)$$

$$= \frac{1}{\sqrt{5}} \times \frac{4\sqrt{5}}{4} = \frac{1}{\sqrt{5}} \times \sqrt{5} = 1$$

　これはかなり驚いてよいことであるが，$\sqrt{5}$ のような無理数が「役に立つ」おもしろい例ではないか，と私は思う。

　ついでながら，ここに現れる

$$G = \frac{1+\sqrt{5}}{2} = 1.6180339\cdots$$

という数値は，古来「**黄金比**」(Golden Ratio) と呼ばれて，尊重されてきた。

　　図形の中の比は，黄金比が最も美しい

という説があり，ギリシャのパルテノン神殿の

　　　高さ：横幅　≒　1：1.6

とか，ミロのヴィーナスの

　　　頭からおヘソまで：おヘソからつま先まで　≒　1：1.6

などの例が有名である。また身近なところでは

　　　ブルーバックスのヨコ：タテ　≒　1：1.54，

　　　テレフォンカードのタテ：ヨコ　≒　1：1.59，

　　　タテ長の名刺のヨコ：タテ　≒　1：1.65

などが黄金比に近い。

**注意**　ビネの公式の証明は，第7章と第8章で示す。

### ◆ あちこちに現れるフィボナッチ数

「そんなに早くから,どんどん子を産み続けるウサギはいない」などと悪口を書いたが,じつはフィボナッチ数は自然の世界でも数学の世界でも,あちこちに現れることが知られている。自然界では,私が実際に確かめて感心したのは

「松ぼっくりの,鱗が形作る渦巻きの数は,右回り・左回りともフィボナッチ数になっている」

という話で,昔拾ってきた松ぼっくりで数えてみたら,私が見た範囲では「5と8」が多かった($F_5=5$, $F_6=8$)。

松ぼっくりだけでなく,パイナップルの鱗やひまわりの種が作る渦巻きにも,34,55,89などのフィボナッチ数が現れるという。またまっすぐ伸びた茎に,らせん状に葉が出ている植物では,葉のつき方が「3周で8枚(アブラナ)」とか「5周

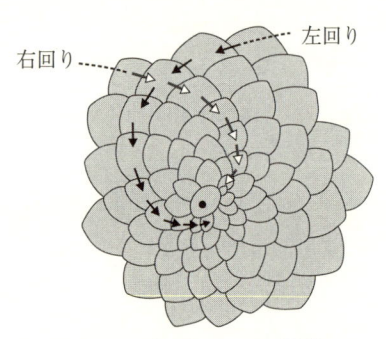

**図5-2 松ぼっくりの渦巻き**

周辺から中心のヘタに向かう,左回りと右回りの渦巻きが重なっている(これはフランスの松ぼっくりの写生で,左回り8,右回り13だった)。

で13枚(タンポポ)」のように,フィボナッチ数に従っている例が多いそうである($F_4=3$, $F_6=8$; $F_5=5$, $F_7=13$)。ただし私は実物で確かめてはいないので,興味をもたれた方は実際に数えてみられるとよい,と思う。

ほかにも次のようなところに,フィボナッチ数が現れる。

(1) 階段の登り方:階段を1段ずつでなく,「2段いっぺんに登る」のも交えて登ってゆく――全部「2段ずつ」でもよいが,3段以上飛び上がることはしない。すると$n$段の階段を登る仕方は,$F_{n+1}$通りである。

〈例〉 3段でおしまいの階段なら,

　　1+1+1(1段ずつ登る),

　　2+1(最初が2段,最後が1段),

　　1+2(最後が2段)

の3通りで,これは$F_4$に一致する。

$n=1$のときは「1段登る」しかないので1($=F_2$)通りである。

$n=2$のときは1段ずつ登るのと2段いっぺんに登るのと2($=F_3$)通りある。

ここから先は,

　　　$n$より少ない□段については,□段の登り方は$F_{□+1}$通りと仮定して,$n$段の場合にどうなるかを考えてみよう(数学的帰納法)。

$n > 2$ のときは，最後の一歩が1段か，2段かで場合分けをしてみる。

(ア) 最後が「1段」なら，まずその手前までの $n-1$ 段を登るのだから，その仕方は $F_{(n-1)+1} = F_n$ 通りある。

(イ) 最後が「2段」なら，その手前までの $n-2$ 段を登る仕方は $F_{(n-2)+1} = F_{n-1}$ 通りある。

だから全体としてはそれらの合計，$F_n + F_{n-1} = F_{n+1}$（通り）の登り方がある。

(2) タテ2センチ・ヨコ4センチのタイルで，タテ4センチ・ヨコ $2n$ センチの枠内を敷き詰めるには，$F_{n+1}$ 通りの並べ方がある。

〈例〉$n=3$ のとき：図5-3のように，$F_4 = 3$ 通りある。

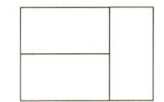

図5-3　分け方の例

〈理由〉ヨコ $2n$ センチの枠を，$n$ 段の階段に見立てると，タイルをタテにおく（2センチ進む）のは1段登り，ヨコにおく（4センチ進む）のは2段登りと解釈できる。タイルの置き方と階段の登り方とは，1対1に対応させられるので，同じ数（$F_{n+1}$ 通り）だけある。

## 5.3 増えてゆく「文の解釈の仕方」

　文章は，日本語でも英語でも，長くなるほど読みにくく，特に下手な文だと何通りにも解釈ができて困ることがある。その「長くなると，読みにくくなる」程度を，ある簡単な基準で測ってやろう，という試みを紹介してみたい。

◆ **分かち書きの増え方**

　カタカナだけの電報文だと，「どこで区切るか」で誤解が生じることがある。作り話であろうが

　　　カネ｜オクレ｜タノム　　＝　　金送れ，頼む

と

　　　カネオ｜クレタ｜ノム　　＝　　金をくれた，飲む

が昔から有名である。

　このような「切り方」は，「分かち書きの仕方」ともいわれ

るが，いったい何通りあるのだろうか？　ありうる切れ目が

　　　　　かね　？　お　？　くれ　？　た　？　のむ

の間の4ヵ所だけだとすると，「切る（○）か・切らない（●）か」のどちらを選ぶかで，次のような場合が生じる：

　　　　○○○○　…かね　お　くれ　た　のむ

　　　　　　　　　（＝金，尾，暮れ，田，飲む？）

　　　　○●○●　…かね　おくれ　たのむ（＝金送れ，頼む）

　　　　●○○●　…かねお　くれた　のむ

　　　　　　　　　（＝金をくれた，飲む）

その組み合わせは，意味の上で考えられないものも含めて，

　　　$2 \times 2 \times 2 \times 2 = 2^4 = 16$通り

になる。「それ以上切れない語句」が$n$個あれば，「ありうる切れ目」は$(n-1)$ヵ所なので，区切る仕方の総数は$2^{n-1}$となり，これが「分かち書きの仕方の（意味は考えない，形式的な）総数」になる（ねずみ算！）。


◆ **構文解釈の増え方**

では次のような「4つの語句の列」の，解釈の仕方は何通りあるだろうか？

　　　　黒い，　目の，　女の，　子

今度は，語句（この場合は「文節」）への「分かち書き」まではできているとして，その先の「構文解釈」の問題である。たとえば，英文法でよく使われる「構文の木」を使うと，ふつうの解釈は図5-4，ちょっと変わった解釈が図5-5のように表

第5章　増えてゆくものを数える

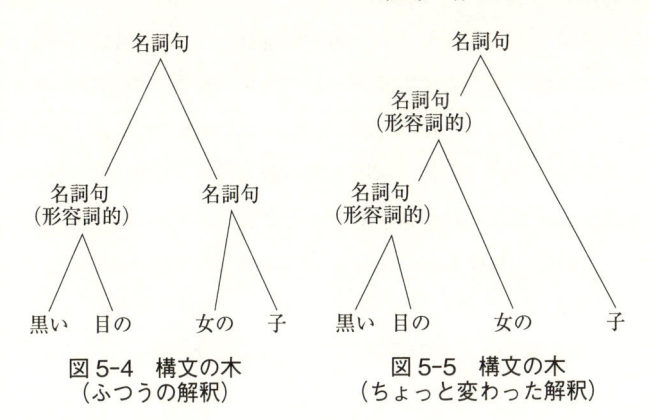

```
        名詞句                        名詞句
       /      \                      /      \
   名詞句    名詞句              名詞句
  (形容詞的)                    (形容詞的)
                               /        \
   /    \    /    \          名詞句
 黒い 目の  女の 子          (形容詞的)
                            /    \      /    \
                          黒い 目の  女の    子
```

　　図 5-4　構文の木　　　　　図 5-5　構文の木
　　　（ふつうの解釈）　　　　　（ちょっと変わった解釈）

される。

　しかし「名詞句」（形容詞的）などの説明を省けば，その要点は括弧を使って，次のように簡単に表せる：

1) 　((黒い・目の)・(女の・子))

　「黒い・目の」と「女の・子」が先にまとまり，それらがまとまって，ひとつの句になる：目が黒い，若い女性。

2) 　(((黒い・目の)・女の)・子)

　「黒い・目の」がまずまとまって，それが「女（の）」を説明（形容・修飾）し，最後に「黒い目の女の」と「子」がまとまってひとつの句を構成する：全体として「目が黒い女」の**子ども**を意味する（男の子かもしれない！）。

　ほかにもある——括弧を使った記法で示すと，次のような解釈である。

3) 　((黒い・(目の・女の))・子)

139

劇に「目の女」や「鼻の男」が登場し,その中に黒い服の人と白い服の人がいる——という状況を考えてほしい。まず「目の女(の)」がひとまとまりになり,そこに「黒い」が結びついて「目の女の,黒い服のほう」を表す。そのあとで「黒い,目の女」が「子」と結びついて,全体として"「黒い,目の女」の子ども"を意味する。

4) (黒い・((目の・女の)・子))

「目の女の」がまずまとまり,それが「子」を説明し,その全体に「黒い」がかかる:目の女に子どもがいて,その子どもが黒い服である。

5) (黒い・(目の・(女の・子)))

最初にまとまるのは「女の・子」で,そこに「目の」や「黒い」が結びついてゆく:目の「女の子」がいて,その「女の子」が黒い服である。

結局「4個の語句の列」の構文解釈(括弧のつけ方)には,5通りあることがわかった。語句が3個なら,たとえば

1) (白い・(時計の・台))
2) ((白い・時計の)・台)

の2通りしかない。語句が2以下なら,解釈の紛れは起こらないので,1通りである。

では,語句の数が増えたら,どうなるのだろうか? これはけっこうむずかしい問題なので,しばらく保留して,とりあえずは別の話題に移ることにしたい。

第5章 増えてゆくものを数える

## ◆ 制限された地図と，カタラン数

次の地図を見ていただきたい。

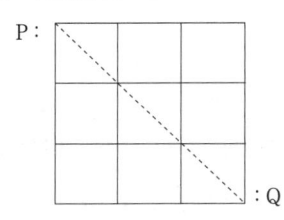

例によって，左上隅Pから右下隅Qに行く道順の数を知りたいのだが，ここで

　　PとQを結ぶ対角線（破線で示す）より，

　　下には**行けない**

という条件をつけたらどうなるか，を考える——破線に触れるのはよいが，それを越えてはいけないのである。だから次のような「制限された地図」（図5-6）で，PからQに行く道順，といっても同じことである：

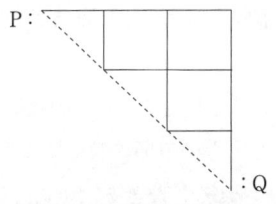

図 5-6　制限された地図

このような道順の数は，前にやった「エレファントな方法」で求めることができる：やってみると，図5-7 のようになる。

```
P:1 — 1 — 1 — 1
   |   |   |
   1 — 2 — 3
       |   |
       2 — 5
           |
           5:Q
```

図5-7 制限された地図の道順の数

**注意** これは前にやった「パスカルの三角形」と,「合流点では和をとる」ことはまったく同じである。ただパスカルの三角形の場合,出発点から2方向に行けたが,今度は「最初は右方向にしか行けない」こと,対角線(図5-6の破線)より下がないところが違っている。

さて,ヨコ移動→・タテ移動↓それぞれ $n$ 回ずつで,ちょうどPからQに行ける地図を,「$n$ 段の地図」と呼ぶことにしよう。その地図で,左上隅Pから右下隅Qに行くのに,

**PとQを結ぶ対角線より下には行けない**

いいかえれば

途中のどこまでを数えても,↓の数は→の数を超えない

という条件をつけたときの道順の数は,カタラン数と呼ばれ,$c_n$ という記法で表される。たとえば上の「3段の地図」では5通りの道順があったから,

$c_3 = 5$

ということである。図5-7の一部分(Pから,Qの左上までの2段の地図)に注目すれば,

第5章 増えてゆくものを数える

$$c_2 = 2$$

もわかる。

ここからさらに,あたりまえのことであるが

$$c_1 = 1$$

もわかる。ついでに,あとの都合で $c_0 = 1$ と約束しておく。

いつまでも「エレファントな方法」だけではおもしろくないから,ちょっとした公式を紹介しておこう。

**事実5-2（カタラン数を求める,漸化式）**

$$c_n = (c_0 \times c_{n-1}) + (c_1 \times c_{n-2}) + (c_2 \times c_{n-3}) + \cdots$$
$$\cdots + (c_{n-2} \times c_1) + (c_{n-1} \times c_0)$$

なお上に約束した通り $c_0 = 1$ で,すでに調べた通り $c_1 = 1$, $c_2 = 2$ である。

この事実の証明はすぐあとに述べるが,先にその効用を説明しておこう。

〈応用例〉$c_1 = 1$, $c_2 = 2$, $c_3 = 5$ であった。また $c_0 = 1$ と約束しておいた。このうち $c_0 = c_1 = 1$ だけを使って,$c_2$, $c_3$, $c_4$ 以下が次のように計算できる:

$$c_2 = (c_0 \times c_1) + (c_1 \times c_0) = 1 + 1 = 2,$$
$$c_3 = (c_0 \times c_2) + (c_1 \times c_1) + (c_2 \times c_0) = 2 + 1 + 2 = 5,$$
$$c_4 = (c_0 \times c_3) + (c_1 \times c_2) + (c_2 \times c_1) + (c_3 \times c_0)$$
$$= 5 + 1 \times 2 + 2 \times 1 + 5 = 14$$

$c_5$ 以下も同様で、この漸化式によれば、$c_n$ の値が**すべて計算できる**ことがわかる。

〈事実5-2の証明〉

制限された地図のP, Qを結ぶ対角線上の点に、図5-8 のように名前

$$P_0 (=P), P_1, P_2, \cdots, P_{n-1}, P_n (=Q)$$

をつけておこう——この図では $n=4$ の例を示している。

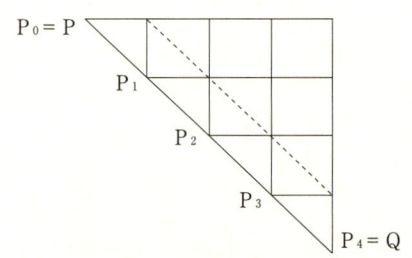

図 5-8 対角線 PQ に注目！

$P_0$ から $P_n$ に行く道順は $c_n$ 通りであるから、もちろん

$P_0$ から $P_2$ ($P_3, P_4, \cdots$) に行く道順は、

$c_2$ ($c_3, c_4, \cdots$) 通り

であるが、さらにたとえば

$P_2$ から $P_4$ に行く道順は $c_{4-2}=c_2$ 通り

である——それは「制限された地図」のさらに小さな一部分を考えれば、すぐわかるであろう。

問題は「$P_0 (=P)$ から $P_n (=Q)$ に行く道順」であるが、準備として次の場合を考えておこう。

第5章 増えてゆくものを数える

（#）$P_0$ から，途中で対角線PQに触れることなく（$P_1$ から $P_{n-1}$ までを通らずに），$P_n$ まで行く場合

それは

　Pの右隣から，破線より上の部分だけを通って，

　Qの上隣まで行く道順

の数だけあるので，

　1段少ない「制限された地図」上の道順

と同じであり，$c_{n-1}$ 通りある。また同じように考えれば，

　$P_0$ から，途中で対角線 PQ に触れることなく，

　$P_k$ まで行く道順

が $c_{k-1}$ 通りあることも，明らかであろう。

さて，$P_0$ から $P_n$ への道順は，まず $P_0$ から右に進んだあと，どこかで対角線 PQ に接触する。そこで「最初に接触した場所」を $P_k$ とする——$k$ は 1 以上 $n$ 以下で，$k=n$ が「途中では対角線に接触しなかった場合（#）」である。

$k=1$
($c_0 \times c_3$ 通り)

$k=2$
($c_1 \times c_2$ 通り)

$k=3$
($c_2 \times c_1$ 通り)

$k=4$
($c_3 \times c_0$ 通り)

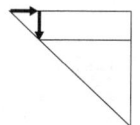

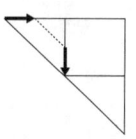

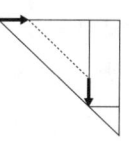

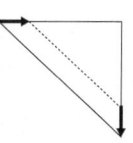

図 5-9　$k$ によって、道順を分類する（$n=4$ の場合）

そういう道順の，$P_0$ から $P_k$ までは

　途中で対角線に触れない

のだから，$c_{k-1}$ 通りある。またそのあとの道順は，$P_k$ から $P_n$

まで行けばよいのだから $c_{n-k}$ 通りで，その組合せは

　　$c_{k-1} \times c_{n-k}$　通り

になる。それらの合計が「道順の数$c_n$」であるが，$n=4$ なら

　　$c_{1-1} \times c_{4-1} + c_{2-1} \times c_{4-2} + c_{3-1} \times c_{4-3} + c_{4-1} \times c_{4-4}$

　$= c_0 \times c_3 + c_1 \times c_2 + c_2 \times c_1 + c_3 \times c_0$

になる（$c_0 = 1$ に注意）。一般に

　　$c_n = c_0 \times c_{n-1} + c_1 \times c_{n-2} + c_2 \times c_{n-3} + \cdots + c_{n-1} \times c_0$

が成り立つことも，今や明らかであろう。　　　　〈証明終わり〉


◆ カタラン数の応用

　カタラン数は，数学とコンピュータの世界では，いろいろなところに顔を出すことで知られている。いくつか例を示そう。


問題5-3　図5-10のような「引き込み線」を使って，右側の貨車を左側に並べ替えたい。

　貨車の数を $n$ とすると，

　　　左方向に動かした貨車を，右方向に戻すのは許さない

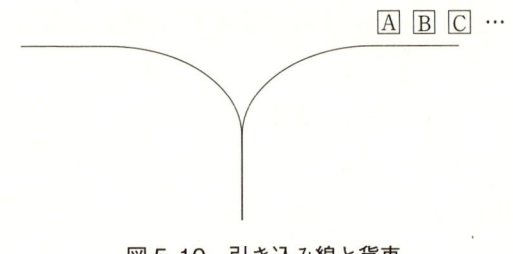

　　　　　　　　　　　　　　　　　　　Ⓐ Ⓑ Ⓒ …

図 5-10　引き込み線と貨車

## 第5章 増えてゆくものを数える

という条件のもとで，並べ替える仕方は何通りあるか？

(答) カタラン数 $c_n$ 通りだけある。

〈例〉

$n=1$ のとき：並べ替えようがないので，1通り。

$n=2$ のとき：AB を AB にも BA にもできるから，2通り。

なお「ABそのまま」は貨車Aをまず（引き込み線を通して）左側に送り，そのあとでBを左側に送ればよいし，入れ替えるにはまずAとBを引き込み線に入れれば，Aが奥に入り，Bが手前に入るから，それからB，Aの順に左に移せばよい。

$n=3$ のときは，5通りである。

1) A B C
2) A C B
3) B A C
4) B C A
5) C B A

たとえば 3) B A C は，次のように実現できる：

① 入：貨車Aを1台，引き込み線に入れ，

② 入：次の1台Bも引き込み線に入れ，

③ 出：引き込み線から，手前の1台Bを左側に出し，

④ 出：引き込み線から，続けてもう1台，奥にあったAを左側に出し，

⑤ 入：それから最後の貨車Cを引き込み線に入れ，

⑥ 出：その1台Cを引き込み線から出す。

なお $\boxed{C}\boxed{A}\boxed{B}$ は，どうしても実現できない（やってみてください！）。

ところで①〜⑥のような「貨車の移動の手順」は，図5-6のような「制限された地図」の上での，Pから出発する道順に，次のように自然に置き換えられる。

**入**：貨車を1台，右側から引き込み線に入れる

…右に進む ➡

**出**：貨車を1台，引き込み線から左側に移す

…下に進む ⬇

たとえば①〜⑥の手順は，図5-11のような道順に置き換えられる：

図 5-11 「移動手段」から「道順」へ

貨車の移動で，だいじなポイントがひとつある。

引き込み線の中に貨車がなければ，

そこから出すことはできない。

だから操作の途中のどの段階で見ても，

**「出」の回数は，「入」の回数を超えない。** …（#）

「入」と「出」の列がこの「貨車移動の条件」（#）さえ満たしていれば，その列は「正しい貨車の操作手順」になっている。そしてこの条件は，「制限された地図」での道順で，途中のど

第5章 増えてゆくものを数える

こまでで見ても

　　↓の数は，→の数を超えない

という条件とぴったり合っている。だから上の置き換えで，貨車の移動の手順がちょうど「制限された地図の上での道順」になってくれる。またその逆をたどれば，どんな道順でも「そのもとになる貨車の移動」を作れるのは明らかであろう。

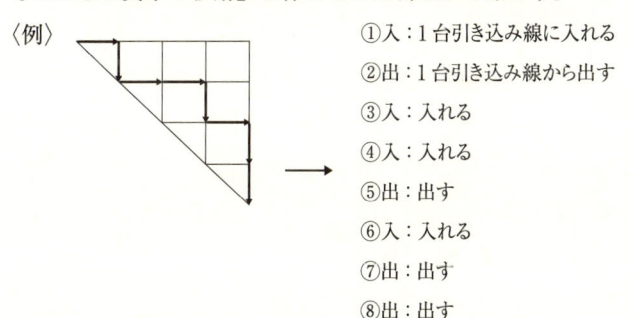

〈例〉

①入：1台引き込み線に入れる
②出：1台引き込み線から出す
③入：入れる
④入：入れる
⑤出：出す
⑥入：入れる
⑦出：出す
⑧出：出す

だから「貨車の移動の仕方」の数と，「制限された地図の上での道順」の数（カタラン数）とがいつでも一致するわけである。

問題5-4　$n \geq 3$ のとき，凸 $n$ 角形を対角線によって $n-2$ 個の三角形に分ける仕方の数は，何通りか？

（答）　これもカタラン数 $c_{n-2}$ になる。

**注意**　凸多角形とは，どの頂点を結んでもその多角形の外に出ない，凹みのない多角形のことである（図5-12（ア））。三角形

(ア)凸多角形　　　　　　　(イ)凹多角形

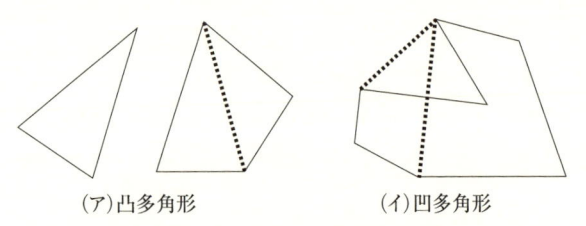

図5-12 凸多角形と凹多角形。凸多角形は対角線で切って
　　　2つに分けても、どちらの部分も凸多角形になる

や正$n$角形は凸多角形である。なお$n=3$の場合は

　　　$c_{n-2} = c_1 = 1$

であるが,「三角形の三角形分割（何もしない）」を「1通り」
と考えればよい。また「凸$n$角形の三角形分割の仕方の数」
を$T_n$とおき, あとの都合で

　　　$T_2 = 1$

と約束しておくと, $n=2$のときも $T_2=1=c_0=c_{2-2}$ となる。

　四角形の場合は, $T_4 = c_{4-2} = c_2 = 2$ 通りである。

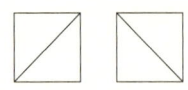

　五角形の場合は, $T_5 = c_{5-2} = c_3 = 5$ 通りである。

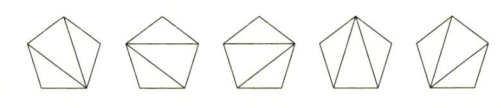

　六角形の場合は, いくつになるだろうか？　がんばって描い
てみると, 確かに$T_6 = c_{6-2} = c_4 = 14$通りある。

第5章 増えてゆくものを数える

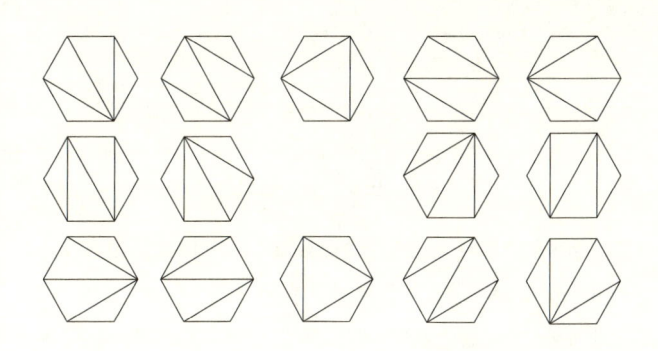

以下, $n=7$ 以降についても $T_n = c_{n-2}$ が本当に成り立つのかどうか, 検討してみよう。まずひとつの凸 $n$ 角形を固定して, その各頂点に時計回りに 1 から $n$ までの通し番号をつけておく——図5-13に, $n=6$ の場合の例を示す。そして「頂点 $n$ と頂点 1 をつなぐ辺」を底辺と呼ぶ。

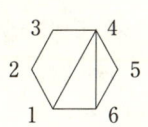

図 5-13 凸多角形と頂点の番号

すると, どんな三角形分割も,「底辺を含む三角形の, 第3の頂点」によって分類できる。図5-13の例では, 底辺と頂点4でひとつの三角形を形成しているが, このような頂点に注目するのである——その頂点を $k$ とする(この例では $k=4$)。

そこで「底辺を含む三角形」の左右に, どんな凸多角形が残るかを考えてみよう(152ページ図5-14)。

(ア) $k=2$ (イ) $k=4$ (ウ) $k=n-1$

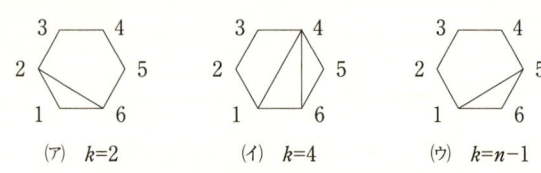

図 5-14 凸多角形の三角形分割

(ア) $k=2$ の場合：左側には何もなく，右側には頂点 2, 3, 4, 5, 6 から成る凸五角形が残る。

(イ) $k=4$ の場合：左側には，頂点 1, 2, 3, 4 から成る四角形が残り，右側には，頂点 4, 5, 6 から成る三角形が残る。

(ウ) $k=n-1$ の場合：右側には何もなく，左側に五角形が残る。

凸 $n$ 角形であれば，頂点 $k$ と底辺を含む三角形の左側には

頂点 1, 2, …, $k$ から成る凸 $k$ 角形

が残り（**$k=2$ のときはつぶれて何も残らない**），右側には

頂点 $k$, $k+1$, …, $n$ から成る凸 $(n-k+1)$ 角形

が残る（**$k=n-1$ のときは，何も残らない**）。左右の領域を三角形に分割する仕方はそれぞれ

$T_k$ 通り，$T_{n-k+1}$ 通り

であるから，その組合せは

$T_k \times T_{n-k+1}$ 通り

になる——これは $T_2=1$ という約束から，「何も残らない場合」も含めて，成り立ってくれるが，これらの合計が三角形分割の総数 $T_n$ である。$k$ は 2 から $n-1$ までありうるので，たとえば $n=7$ の場合は，次のような等式が成り立つ：

第5章 増えてゆくものを数える

$$T_7 = T_2 \times T_6 + T_3 \times T_5 + T_4 \times T_4 + T_5 \times T_3 + T_6 \times T_2$$

$n$ が 6 以下の場合は $T_n = c_{n-2}$ なので,右辺は

$$c_0 \times c_4 + c_1 \times c_3 + c_2 \times c_2 + c_3 \times c_1 + c_4 \times c_0$$

に等しく,これはカタラン数の漸化式(143ページ,事実5-2)によれば,$c_5$ に一致する。こうして $T_7 = c_5$ が確かめられた。だから「$n$ が 7 以下の場合は $T_n = c_{n-2}$ である」ことになる。ここからまったく同じ方法で(式は長くなるが)$T_8 = c_6$ も確かめられる:

$$\begin{aligned}T_8 &= T_2 \times T_7 + T_3 \times T_6 + T_4 \times T_5 + T_5 \times T_4 \\ &\quad + T_6 \times T_3 + T_7 \times T_2 \\ &= c_0 \times c_5 + c_1 \times c_4 + c_2 \times c_3 + c_3 \times c_2 + c_4 \times c_1 + c_5 \times c_0 \\ &= c_6\end{aligned}$$

ポイントは

$T_n$ について,カタラン数と同じ形の漸化式が成り立つことで,「$n \leq 7$ のとき成り立つなら $n = 8$ でも成り立ち,$n \leq 8$ のとき成り立つなら $n = 9$ でも成り立つ」というように,$T_n = c_{n-2}$ がどこまでも,ドミノ倒しのように次々と導かれる。

**注意** 厳密には「数学的帰納法」の考え方が必要であるが,「次々とどこまででも,導ける」ことがわかれば十分であろう。

このへんで,残しておいた問題に戻ろう。

―||事実5-3(構文解釈の仕方の数)||――――――――――

$n$ 個の語句の構文解釈は,$c_{n-1}$ 通りある。

〈証明〉「$n$ 個の語句に括弧をつける仕方」と,「$n+1$ 角形の三角形分割の仕方」との間に,1対1で洩れのない対応がつけられることを示せばよい(逆対応の術!)。以下,$n=4$ の場合で説明しよう。

4つの語句,たとえば「黒い,目の,女の,子」を,正五角形の辺に時計回りに書いておく:

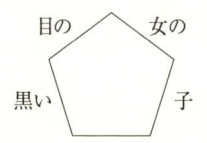

こうして隣り合う語句は,隣り合う辺に結び付けられる。そこで

「パンツの数 = 子どもの数」。

再び「逆対応の術」。

## 第5章 増えてゆくものを数える

隣り合う語句を囲む括弧を,

隣り合う線の両端を結ぶ対角線におきかえる

と,たとえば(黒い目の)は次のような対角線で表される:

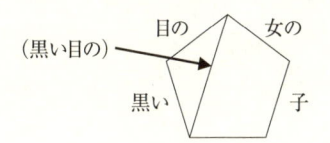

この対角線を「新しい辺」と見れば,3つの語句「(黒い目の),女の,子」を表す四角形ができる。そのあと,もし((黒い目の)女の)とまとめるなら,それは

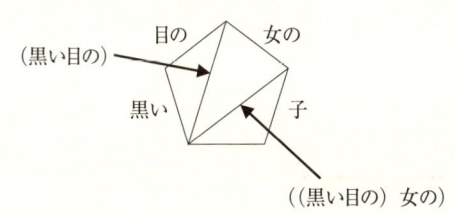

で表される。最後は

　　(((黒い目の) 女の) 子)

とまとめることになるが,それはちょうど底辺になるので,新しい線を引く必要はない。結局,

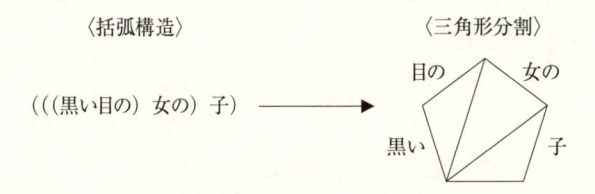

〈括弧構造〉　　　　　　　　　　〈三角形分割〉

(((黒い目の) 女の) 子)　——→

155

ということである。

　要領はおわかりだろうか？　簡単なクイズをだしてみよう。
問1　(黒い((目の女の)子))を，三角形分割で表しなさい。
問2　次の三角形分割は，どんな括弧構造を表しているか？

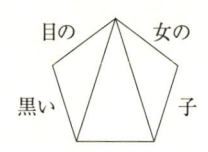

正解は，図5-15から読み取ってほしい。

(黒い(目の(女の子)))

(黒い((目の女の)子))

((黒い目の)(女の子))

((黒い(目の女の))子)

(((黒い目の)女の)子)

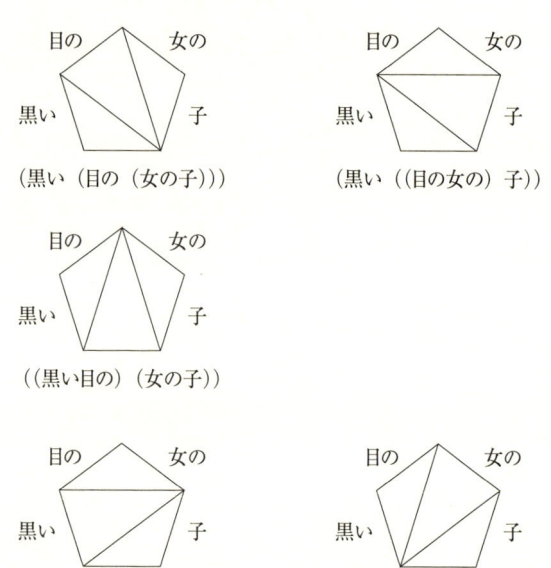

図5-15　括弧構造と三角形分割

第5章 増えてゆくものを数える

このように,「$n$ 個の語句を括弧でまとめる仕方」の数は,「凸 $n+1$ 角形の三角形分割の仕方」の数

$$T_{n+1} = c_{(n+1)-2} = c_{n-1}$$

に等しいわけである。

### ◆ カタラン数の閉じた公式

カタラン数は,図5-7(142ページ)のような「制限された地図」を描けば,エレファントな方法で求めることができる。漸化式から,ひとつずつ計算することも可能である。結果をもう少しだけ示すと,次のようになる。

| $n$ | 1 | 2 | 3 | 4 | 5 | 6 | 7 |
|---|---|---|---|---|---|---|---|
| $c_n$ | 1 | 2 | 5 | 14 | 42 | 132 | 429 |

しかし,たとえば「$c_{20}$ の大きさは,どれくらい?」と聞かれると,エレファントな方法ではつらいところがある——私はこれまでの方法で,$c_{20}$ まで計算する元気はない。カタラン数を直接式で表す,何かエレガントな方法はないものだろうか?

それは,ある。その導き方も複数個知られているが,ここでは私が最もエレガントだと思う,図形的な方法を紹介しよう。

カタラン数 $c_n$ とはそもそも,図5-6(141ページ)で

　　Pから出発して,破線PQより下には行かないように,
　　Qに行く道筋の数

であった——$n$ はヨコ・タテの道の数で,ここでは $n=4$ の場合が例示されている(158ページ図5-16)。

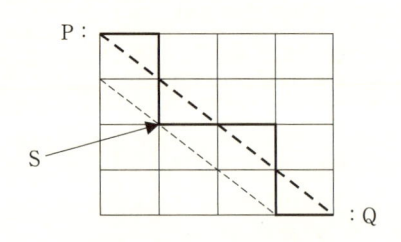

図 5-16 規則違反の道順

「破線 PQ より下を通らない」という条件がなければ，道順の数はパスカルの三角形から求められる——この図では $_8C_4$，一般の場合には $_{2n}C_n$ である。この中から，

　　　図5-16で太線で例示した，**規則違反の道順**の数

を引けば，正しい答になるであろう。

規則違反の道順は，どこかで PQ より下の細い破線に接触する。そこで，最初に接触した点（図5-16ではS）から先を，細い破線を境にして，裏返してみよう（図5-17）。

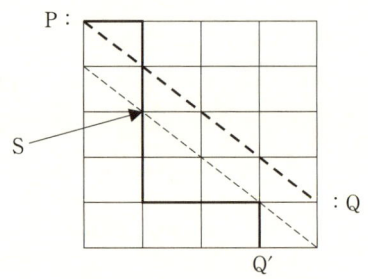

図 5-17 Sから先を裏返す

するとその終点は必ず，「細い破線を境にして裏返したとき

の, Qの行く先」$Q'$になる。

ところで, Pから$Q'$に行く道順は, どこかで必ず細い破線を横切る。だから「最初に細い破線に接触した点」から先を, さっきと同じように細い破線に沿って折り返せば,

　　PからQに行く, 規則違反の道順

に戻る——このようにして, 「PからQに行く規則違反の道順」と, 「Pから$Q'$に行く道順」との間に, 1対1で洩れのない対応をつけることができる。Pから$Q'$までは,

　　右に $n-1$ ブロック, 下に $n+1$ ブロック

であるから, その数は $_{2n}C_{n-1}$ である——そこで, 次のような計算ができる:

　　Pから出発して, PQより下は通らずにQに行く
　　道順の数 $c_n$
　= PからQに行く道順の数 $_{2n}C_n$
　　－Pから$Q'$に行く道順の数 $_{2n}C_{n-1}$

こうしてカタラン数の, 閉じた公式が得られた:

┤**事実5-4（カタラン数の公式1）**├

　　$c_n = {}_{2n}C_n - {}_{2n}C_{n-1}$

〈検算〉

　　$c_4 = {}_8C_4 - {}_8C_3 = 70 - 56 = 14$

これはまた, 次のように変形できる(58ページの公式を使う):

$$c_n = {}_{2n}C_n - {}_{2n}C_{n-1} = \frac{(2n)!}{(n!)(n!)} - \frac{(2n)!}{(n-1)!\,(n+1)!}$$

$$= \frac{(2n)!}{(n!)(n!)} - \frac{n}{n+1} \times \frac{(2n)!}{(n!)(n!)}$$

$$= \left(1 - \frac{n}{n+1}\right) \frac{(2n)!}{(n!)(n!)} = \frac{1}{n+1} {}_{2n}C_n$$

結果だけ示すと：

**事実5-5（カタラン数の公式2）**

$$c_n = \frac{1}{n+1} {}_{2n}C_n$$

◆ カタラン数の増え方

この章で扱った

　　　フィボナッチ数 $F_n$（131ページ参照）

　　　分かち書きの数 $2^{n-1}$（138ページ）

　　　カタラン数 $c_{n-1}$

について，数値例を示すと表5-1のようになる。

| $n$ | 1 | 2 | 3 | 4 | 5 | 6 | 7 | 8 | 9 | 10 |
|---|---|---|---|---|---|---|---|---|---|---|
| フィボナッチ数 $F_n$ | 1 | 1 | 2 | 3 | 5 | 8 | 13 | 21 | 34 | 55 |
| 分かち書きの数 $2^{n-1}$ | 1 | 2 | 4 | 8 | 16 | 32 | 64 | 128 | 256 | 512 |
| カタラン数 $c_{n-1}$ | 1 | 1 | 2 | 5 | 14 | 42 | 132 | 429 | 1430 | 4862 |

表5-1　3つの「数」の数値例

## 第5章 増えてゆくものを数える

このように,$n \geq 6$ については

　フィボナッチ数 $F_n$

　$\leq$ 分かち書きの数 $2^{n-1}$ $\leq$ カタラン数 $c_{n-1}$

という不等式が成り立っている。だから「ありうる選択肢の数が多い」という点については,少し長い文だと

**分かち書きより,構文解析の方がむずかしい**

といえる。これは昔々,一部の数理言語学者の間で話題になったことであった。


結局カタラン数 $c_{20}$ の値は,いったいどれくらいなのだろうか。とても大きな数だけれど,$10^{47}$ のような「指数記法」に慣れておられる方なら,概算はできる。実際,数表から

　$20! \doteqdot 2.4329 \times 10^{18}$

　$40! \doteqdot 8.1592 \times 10^{47}$

がわかれば,あとは公式2

$$c_{20} = \frac{1}{21} \times \frac{40!}{(20!)(20!)}$$

にあてはめて,次のように計算すればよい(電卓が役に立つ):

$$c_{20} \doteqdot \frac{1}{21} \times \frac{8.1592 \times 10^{47}}{2.4329 \times 10^{18} \times 2.4329 \times 10^{18}}$$

$$= \frac{1}{21} \times \frac{8.1592}{2.4329 \times 2.4329} \times \frac{10^{47}}{10^{18} \times 10^{18}}$$

$$\doteqdot \frac{1}{21} \times \frac{8.1592}{5.9190} \times \frac{10^{47}}{10^{18+18}}$$

$$\fallingdotseq \frac{1}{21} \times 1.3785 \times \frac{10^{47}}{10^{36}}$$

$$\fallingdotseq 0.065642 \times 10^{47-36}$$

$$= 6564200000$$

答は「およそ65億6000万」という,巨大な数であった！

なお正確な値は

  6564120420

である。

# 第2部 数え上げ理論の三種の神器
## —— 包除原理, 差分方程式, 母関数の理論

　ここからは，いよいよ数え上げ理論の三種の神器「包除原理, 差分方程式, 母関数の理論」を紹介する。そしておまけに群論（フロベニウスの定理）をもとりあげる。これらは「理論的な道具を学ぶと，いっぺんに解きかたが見えてくる」よい例にもなっている。どれもけっしてやさしくはない，抽象的な理論であるが，それぞれをナマの形でなく，具体的な問題と結びつけて，いわば「調理された形で」提供しているので，理論のおもしろさを十分味わっていただけるのではないだろうか。

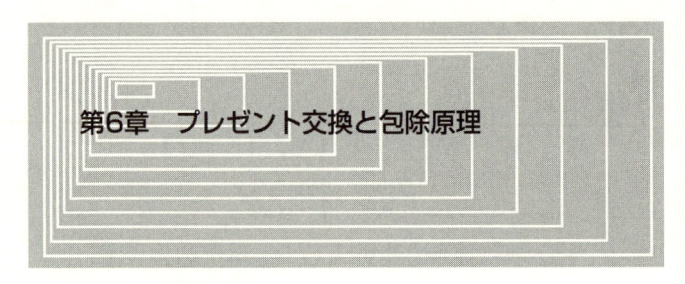

## 第6章 プレゼント交換と包除原理

6.1 あわせて何人？

問題6-1 2006年3月1日現在の日本人口は，男性 62,300 千人，女性が 65,424 千人。あわせて何人か？

これは簡単．足せばよいので，

$$62,300 + 65,424 = 127,724 （千人），$$

つまり1億2772万4000人である――「両性具有（androgynous）」という言葉はあるが，戸籍上は認められないので，統計には表れていない。ついでながら年齢別（5歳きざみ）にみると，「0～4歳までの人口が最大で，あとはどんどん減る一方」では**全然ない**のであって，30～34歳までは増える一方で，それからは少し減り，「団塊世代」の60歳前後でまた増える。なお男性の方が多いのは45～49歳までで，そのあとは女性の方が多くなり，85歳以上では男性は30％にも達しない。だから結婚適齢期には競争が激しい男性も，85歳までもちこたえれば……といっても，あまり慰めにはなりそうもない。

問題6-2 同じ課で，毎日晩酌をする人が15人，たばこを吸

う人が12人いる。あわせて何人になるか？

うっかり「合計は15+12, 27人」と答えてしまうと, 罠にかかったことになる。これは意地悪な問題で, 晩酌もするしたばこも吸う人がいるとすれば,その人は「晩酌をする15人」と「たばこを吸う12人」の両方で, ダブって数えられている。その人数がわからなければ, 正確な人数は答えられない。正しい問題は……

問題6-3 晩酌をする人が15人, たばこを吸う人が12人いて, そのうち「晩酌もするしたばこも吸う」人が4人いるという。晩酌をする人とたばこを吸う人は, あわせて何人か？

（答）15+12（=27）から, ダブって数えられている4人を引いた, 23人である。

ついでながら,「晩酌もたばこもやる人」がいなければ, 先ほどの答「27人」が正解で,「あわせた人数」がこれより多くなることはありえない。また, たばこを吸う12人全員が晩酌もする場合には, 晩酌をする人15人がそのまま正解になるし, 合計がこれより少なくなることはない。というわけで, 最初の問題6-2は, 無理やり答えるとすれば

「15人以上, 27人以下」

が正解であった。

このように「重複があるか,ないか」は,確率の計算にも関係がある。

問題6-4 さいころを振って,1か6が出る確率は(6つに2つで)$\frac{1}{3}$,4が出る確率は(6つに1つで)$\frac{1}{6}$。では,どちらかが起こる確率は?

(答)1,4,6のどれかが出る確率だから,6つに3つで,$\frac{1}{2}$。この答はまた,

$$\frac{1}{3} + \frac{1}{6} = \frac{1}{2}$$

のように「確率の和」を計算しても得られる。

「1か6」と「4」ならば,「男性」と「女性」のように重複がないので,場合の数でも確率でも,足し算でよい。しかし……

問題6-5 さいころを振って,1か6が出る確率は$\frac{1}{3}$,3以下が出る確率は$\frac{1}{2}$。では,どちらかが起こる確率は?

(答)1,2,3,6のどれかが出る確率だから,6つに4つで,$\frac{2}{3}$。この答は,確率の和 $\frac{1}{3} + \frac{1}{2}$ から「両方が同時に起こる確率」,つまり「1が出る確率」$\frac{1}{6}$ を引けば得られる:

$$\frac{1}{3} + \frac{1}{2} - \frac{1}{6} = \frac{2+3-1}{6} = \frac{4}{6} = \frac{2}{3}$$

## 第6章 プレゼント交換と包除原理

「重複がない」できごとは、確率論の用語では「**排反**」と呼ばれるが、

　　排反なできごとのどちらかが起こる確率は、

　　それぞれの確率の和になる

という便利な法則がある（**確率の和の法則**）。しかし排反でない場合には、単純な「足し算」では正しい答が出ない——ダブって計算されている、「重なる部分」の確率を、引かなければならないのである。

では問題6-3で、グループがもっと増えたら、どうなるだろうか？

1) Aグループ：晩酌をする人　…15人、
2) Bグループ：たばこを吸う人　…12人、
3) Cグループ：カラオケが好きな人　…18人、
4) Dグループ：スポーツジムに通っている人　…8人、
5) Eグループ：結婚している人　…32人、
6) Fグループ：子どもがいる人　…26人

A、B、Cのどれかに含まれる人が何人いるかは、それぞれのグループの人数だけでなく、次の情報があれば計算できる。

　　A、Bの両方に含まれる人　　…4人、

　　B、Cの両方に含まれる人　　…8人、

　　C、Aの両方に含まれる人　　…2人、

　　A、B、Cのすべてに含まれる人　…1人

ここまでわかっていれば、

　　$15 + 12 + 18 = 45$　…①

から,まず「ダブって数えられた人数」

$$4+8+2=14 \quad \cdots ②$$

を引く。これで「二重に数えられた人」はうまく「1回だけ」に修正できる。ただ,それだけでは「すべてに含まれる人」

$$1（人）\quad \cdots ③$$

は①で3回加えられ,②でも3回引かれるので,結局無視されてしまう。そこでこの1人を加えた,

$$45-14+1=32（人）\quad \cdots（*）$$

が正解である。

この（*）が正解になる理由は,次のようにも説明できる。

1) 1つのグループだけに含まれる人は,式（*）の第1項

$$45=15+12+18 \quad \cdots ①$$

の中で1回だけ数えられ,第2項14（②）や第3項1（③）では数えられていない。だから式（*）の中では,

$$1+0+0=1（回）$$

だけ数えられている。

2) 2つのグループ（たとえばAとB）に含まれる人は,式（*）の第1項

$$45=15+12+18 \quad \cdots ①$$

の中で（15と12のところで）2回数えられ,第2項

$$14=4+8+2 \quad \cdots ②$$

の中で（4のところで）1回だけ数えられる。また第3項では数えられていないから,差し引き

$$2-1+0=1（回）$$

だけ数えられる。
3) 3つのグループ全部に含まれる人は,第1項①で3回,第2項②でも3回,第3項③では1回数えられている。だから差し引き

$$3-3+1=1\text{（回）}$$

だけ数えられる。

結局どの人も,ちょうど1回ずつ数えられているので,「正しい人数」になるはずである。

グループ数が増えると,計算はますます面倒になるが,次の情報がわかれば,同じ方針で全体の人数を計算できる——グループの数を $k$ とする。

1) 各グループの人数の合計  $N_1$,
2) 2つのグループごとの,それらの両方に含まれる人数の合計  $N_2$,
3) 3つのグループごとの,それらの全部に含まれる人数の合計  $N_3$,
…………
$k$) $k$ 個のグループ全部に含まれる人数  $N_k$

たとえばA,B,C,Dの4グループ($k=4$)なら,

$N_1 =$ Aグループの人数＋Bグループの人数
　　　　＋Cグループの人数＋Dグループの人数,

$N_2 =$ 　A,B両方に属している人数
　　　＋A,C両方に属している人数
　　　＋A,D両方に属している人数
　　　＋B,C両方に属している人数

   ＋B，D両方に属している人数

   ＋C，D両方に属している人数，

 $N_3=$ A，B，Cのすべてに属している人数

   ＋A，B，Dのすべてに属している人数

   ＋A，C，Dのすべてに属している人数

   ＋B，C，Dのすべてに属している人数，

 $N_4=$ A，B，C，Dのすべてに属している人数

ということである。これらがわかれば，次の事実によって，「ダブリを除いた総数」を求めることができる。

---

**事実6-1（包除原理）**

「$k$ 個のグループのどれかに含まれる人の総数」は，上記の数 $N_1, N_2, \cdots, N_k$ によって，次のように表される：

$$N_1 - N_2 + N_3 - \cdots + (-1)^{k-1} N_k$$

---

$k=4$ の場合は，

 $N_1 - N_2 + N_3 - N_4$

$k=5$ なら

 $N_1 - N_2 + N_3 - N_4 + N_5$

$k=6$ なら

 $N_1 - N_2 + N_3 - N_4 + N_5 - N_6$

等々で，任意の $k>1$ について同じ形の公式が成り立つ——このように

  ダブるのをかまわず含めて数え，あとから除く

  （さらに「除きすぎ」を加え，新しいダブリを

第6章 プレゼント交換と包除原理

引くことを繰り返す)

計算法は，**包除原理**と呼ばれている。

## 6.2 プレゼント交換がうまくいく確率

ようやく「はじめに」で紹介した問題を，解決できる段階に到達した。人数を決めて，問題を述べなおしてみよう。

問題6-6 8人の子どもがプレゼントを1つずつ持ち寄って，くじ引きで交換することになった。「誰がどのプレゼントに当たるかは，どれも同程度起こりやすい（等確率）」だとすると，

誰も自分が持ってきたプレゼントに当たらない確率

は，どれくらいか？

皆さんの予想はどうだろうか？ ついでに次のような問題も考えてみてほしい。

問題6-7 「8人」という人数がどんどん増えたら，「誰も自分のプレゼントに当たらない確率」はどのように変化するだろうか？ 次のどれか，予想をしてみなさい。
（ア）人数が増えれば，「自分のプレゼントに当たらない」
　　　確率は高くなるだろうから，しだいに1に近づく。
（イ）いくら人数が増えても，0.5〜0.75 の間にある。
（ウ）いくら人数が増えても，0.25〜0.5 の間にある。

(エ) 人数が増えれば,「誰も当たらない」確率は低くなるだろうから, しだいに0に近づく。

正解は, この節の終わりまでにわかる。

まず参加者が3人の場合について, 考えてみよう。参加者に1, 2, 3と通し番号をつけ, プレゼントにも「それを持ってきた人と同じ番号をつける」と, ひとつの「当たり方」は, たとえば $\frac{1\ 2\ 3}{2\ 1\ 3}$ のような表で表される:これは

　　1番さんが「2番さんのプレゼント」に当たり,

　　2番さんが「1番さんのプレゼント」に当たり,

　　3番さんは自分のプレゼントに当たってしまう,

という場合を表している。明らかに当たり方は,

　　3人に3種類のおみやげを配る仕方

と同じ　3! = 6 (通り)　だけあり, それらは次のように表される:

① $\frac{1\ 2\ 3}{1\ 2\ 3}$　　② $\frac{1\ 2\ 3}{1\ 3\ 2}$　　③ $\frac{1\ 2\ 3}{2\ 1\ 3}$

④ $\frac{1\ 2\ 3}{2\ 3\ 1}$　　⑤ $\frac{1\ 2\ 3}{3\ 1\ 2}$　　⑥ $\frac{1\ 2\ 3}{3\ 2\ 1}$

このうち「誰も自分のプレゼントに当たっていない」のは④と⑤だけであるから, 2通りしかない。だから,「①から⑥までが, どれも同程度起こりやすい」とすれば, その確率は「6つのうちの2つ」で, $\frac{2}{6}$, つまり $\frac{1}{3}$ である。

ところで「誰かが自分のプレゼントに当たってしまう」場合

第6章 プレゼント交換と包除原理

は，次の4通りである．

　　　1だけが，自分のプレゼントに当たってしまう　…②，
　　　2だけが，自分のプレゼントに当たってしまう　…⑥，
　　　3だけが，自分のプレゼントに当たってしまう　…③，
　　　全員が，自分のプレゼントに当たってしまう　…①

「1と2だけが自分のプレゼントに当たって，3はほかの人のに当たる」ことはありえない——1と2が自分のプレゼントに当たったときは，残りは3のプレゼントしかないので，3も自分のプレゼントに当たってしまう！

そこで次のようなグループを考えてみよう．

A…1が自分のプレゼントに当たってしまう場合：
　①，②の2通り，

B…2が自分のプレゼントに当たってしまう場合：
　①，⑥の2通り，

C…3が自分のプレゼントに当たってしまう場合：
　①，③の2通り．

明らかに

$N_1 =$ それぞれのグループに含まれる場合の数の合計

$= 2 + 2 + 2 = 6$

である。また

A, Bの両方に含まれる場合の数 $= 1$ (①だけ),

B, Cの両方に含まれる場合の数 $= 1$ (①だけ),

C, Aの両方に含まれる場合の数 $= 1$ (①だけ)

から

$N_2 =$ 2つのグループごとの,それらの両方に含まれる場合の数の合計

$= 1 + 1 + 1 = 3$

で,

A, B, Cのすべてに含まれる場合の数 $= 1$ (①だけ)

から

$N_3 =$ 3つのグループごとの,それらのすべてに含まれる場合の数の合計

$= 1$

である。したがって包除原理から,

誰かが自分のプレゼントに当たってしまう場合の数

$= N_1 - N_2 + N_3$

$= 6 - 3 + 1 = 4$

である。したがって,「誰も自分のプレゼントに当たらない」場合の数は

$6 - 4 = 2$

で,「誰も自分のプレゼントに当たらない確率」は,

$$2 \div 6 = \frac{1}{3} = 0.3333\cdots$$

となる。

　後のやり方はまわりくどいが，人数を増やすためには都合がよい。たとえば参加者が5人であれば，「プレゼントの当たり方」の総数は5!（＝120通り）であるが，その中で

　　　「$k$番さんが自分のプレゼントに当たる」

場合をひとつのグループ$G(k)$とすると，$G(1)$から$G(5)$までの，5つのグループができる。そこで次の数値を計算すればよい。

1) $G(1)$，$G(2)$，…それぞれに属する場合の数の合計 $N_1$

2) 2つのグループ，たとえば$G(1)$と$G(2)$の両方に属するのは，

　　　1番さんも2番さんも自分のプレゼントに
　　　当たってしまう

　場合である。なおここでは1番さん・2番さん以外は，自分のプレゼントに当たろうと当たるまいと，かまわない（あとでわかるが，そのほうが数えやすい）。そういう「場合の数」を，$G(1)$と$G(2)$だけでなく，

　　　$G(1)$と$G(3)$，$G(1)$と$G(4)$，…，$G(4)$と$G(5)$

　のようにすべての組合せについて数え，それらを合計した $N_2$

3) 3つのグループごとに，それらのすべてに含まれる人数を数え，それらを合計した $N_3$

4) 4つのグループごとに，それらのすべてに含まれる人数を数え，それらを合計した $N_4$

5) 5つのグループ全部に含まれる場合の数，$N_5$

まず $N_1$ について考えてみよう。たとえば「5番さんが自分のプレゼントに当たる」場合とは，ほかの人たちは自分のプレゼントに当たろうと当たるまいとかまわないので，表で表せば

$$\frac{1\ 2\ 3\ 4\ 5}{*\ *\ *\ *\ 5}$$

という場合であり，自由に選べる ＊＊＊＊ のところは1から4までの数の順列になる。だからG(5) に含まれる場合の数は4!（＝24）通りである。「4番さんが自分のプレゼントに当たる」場合

$$\frac{1\ 2\ 3\ 4\ 5}{*\ *\ *\ 4\ *}$$ …自由に選べるのは1, 2, 3, 5の順列

も「1番さんが自分のプレゼントに当たる」場合

$$\frac{1\ 2\ 3\ 4\ 5}{1\ *\ *\ *\ *}$$ …自由に選べるのは2, 3, 4, 5の順列

も，それぞれ4!通りずつあるから，

$N_1$ ＝G(1) からG(5) までの人数の総和
　　＝5×4!＝5!（＝120）

が成り立つ。

次に $N_2$，つまり

　　2つのグループG(4), G(5) の両方に含まれる場合

の合計を考えてみよう。これは「4番さんも5番さんも自分のプレゼントに当たってしまう」場合なので，表で示せば

$$\frac{1\ 2\ 3\ 4\ 5}{*\ *\ *\ 4\ 5}$$

## 第6章 プレゼント交換と包除原理

という場合である——自由に選べる「＊＊＊」の選び方は,「1, 2, 3の順列」の数3!だけある。この数3!は「2つのグループ」が「G(4)とG(5)」でなくても,「G(2)とG(3)」だろうと・「G(1)とG(4)」だろうと,まったく変わらない。

一方,「2つのグループの組合せ」は,5人から2人を選ぶ仕方,つまり

$$_5C_2 = (5 \times 4) \div 2! = 10 \text{ (組)}$$

だけある。その中の「場合の数」はどれも3!なので,それらの合計 $N_2$ は次のように表される:

$$N_2 = {}_5C_2 \times 3! = \frac{5!}{2! \times 3!} \times 3! = \frac{5!}{2!}$$

この先も,同じように考えて,次の式を導くことができる:

$$N_3 = (3\text{つのグループの選び方})$$
$$\times (\text{それぞれのグループ内の場合の数})$$
$$= {}_5C_3 \times (5-3)! = \frac{5!}{3! \times 2!} \times 2! = \frac{5!}{3!}$$

$$N_4 = (4\text{つのグループの選び方})$$
$$\times (\text{それぞれのグループ内の場合の数})$$
$$= {}_5C_4 \times (5-4)! = \frac{5!}{4! \times 1!} \times 1! = \frac{5!}{4!}$$

$$N_5 = (5\text{つのグループの選び方})$$
$$\times (\text{それぞれのグループ内の場合の数})$$
$$= {}_5C_5 \times (5-5)! = \frac{5!}{5! \times 0!} \times 0! = \frac{5!}{5!}$$

**注意** $N_5$ に含まれるのは,「全員が自分のプレゼントに当たってしまう」場合で, それは(0 通りではなく)ひとつだけある:

$$\frac{1\ 2\ 3\ 4\ 5}{1\ 2\ 3\ 4\ 5}\ \text{…自由度なし}$$

このためにも, $0! = 1$ という約束は都合がよかった。

結局「誰かが自分のプレゼントに当たってしまう場合」の数は, 次のように表される:

$$N_1 - N_2 + N_3 - N_4 + N_5 = 5! - \frac{5!}{2!} + \frac{5!}{3!} - \frac{5!}{4!} + \frac{5!}{5!}$$

「誰も自分のプレゼントに当たらない場合」の数は, 全体の数 $n!$ からこれを引けばよいので

$$5! - \left(5! - \frac{5!}{2!} + \frac{5!}{3!} - \frac{5!}{4!} + \frac{5!}{5!}\right)$$

であるし,「そのどれかが起こる確率」は, これを $5!$ で割った,

$$1 - 1 + \frac{1}{2!} - \frac{1}{3!} + \frac{1}{4!} - \frac{1}{5!}$$

$$= \frac{1}{2!} - \frac{1}{3!} + \frac{1}{4!} - \frac{1}{5!}$$

という, きれいな式で表される。

一般に, $n$ 人の参加者に対して,

$G(k) = k$ 番さんが自分のプレゼントに当たってしまう場合のグループ

と定めると,

第6章　プレゼント交換と包除原理

$N_s = s$ 個のグループごとの「それらに共通に含まれる場合の数」の，合計

= ($s$ 個のグループの選び方) × (それぞれのグループ内の場合の数)

$$= {}_nC_s \times (n-s)! = \frac{n!}{s! \times (n-s)!} \times (n-s)! = \frac{n!}{s!}$$

で，「誰かが自分のプレゼントに当たってしまう場合」の数は

$$n! - \frac{n!}{2!} + \frac{n!}{3!} - \cdots + (-1)^{n-1} \frac{n!}{n!}$$

となる――これで問題が完全に解けた。

|| 事実6-2 ||

$n$ 人のプレゼント交換で「誰も自分のプレゼントに当たらない場合の数」は，次の式で表される：

$$n! - \left\{ n! - \frac{n!}{2!} + \frac{n!}{3!} - \cdots + (-1)^{n-1} \frac{n!}{n!} \right\}$$

$$= \frac{n!}{2!} - \frac{n!}{3!} + \cdots + (-1)^n \frac{n!}{n!}$$

またその確率は次のように表される：

$$\frac{1}{2!} - \frac{1}{3!} + \cdots + (-1)^n \frac{1}{n!}$$

ここまでわかれば，あとはコンピュータに任せてもよいであろう。人数を $n=5$ から少し増やしてみた計算結果を，次の表に示す。

| 人数 $n$ | $n$人のプレゼント交換で,<br>誰も自分のプレゼントに当たらない確率 |
|---|---|
| 5 | 0.3666 6667 |
| 6 | 0.3680 5556 |
| 7 | 0.3678 5714 |
| 8 | 0.3678 8194 |
| 9 | 0.3678 7919 |
| 10 | 0.3678 7946 |
|  | …… |
| ∞ | 0.3678 7944 |

＊すべて小数点以下9桁目で四捨五入している。

$n = \infty$ のところは,無限和

$$\frac{1!}{2!} - \frac{1!}{3!} + \frac{1!}{4!} - \frac{1!}{5!} + \frac{1!}{6!} - \cdots\cdots$$

の値である。これはじつは,有名な定数 $e = 2.71828\cdots$ の逆数に等しい。

というわけで,問題6-6(参加者 $n = 8$ の場合)の答は

$0.3678\cdots =$ 約37%

で,問題6-7 の正解は(ウ)の,いくら人数が増えても約0.36,つまり 0.25 ~ 0.5 の間にある,であった。


## 6.3 みんなに洩れなくあげるには

包除原理を使えば,前に保留していた次の問題も一般的に解ける。

例題1-1B (再掲)種類の違う4つのおみやげを,3人の友達に全部分けたい。個数が違うのは仕方ないが,「1つもも

## 第6章 プレゼント交換と包除原理

らえない人がいない」ような分け方は，何通りあるか？

まずは数を減らして，「3個のおみやげA，B，Cを，2人に」分ける問題を考えてみよう。友達に 1，2 と番号をつけておくと，ひとつの分け方は，次のような表で表せる：

① $\underline{\begin{array}{ccc} A & B & C \\ 1 & 1 & 2 \end{array}}$ … AとBを1番さんにあげ，Cを2番さんにあげる。

② $\underline{\begin{array}{ccc} A & B & C \\ 1 & 1 & 1 \end{array}}$ … 全部を1番さんにあげてしまう。

もちろん②は「1つももらえない人がいない」という条件に反している——そのような分け方を除くと，条件を満たす分け方は以下の6通りになる（以下，ABCを省いた「速記術」で示す）：

  1 1 2,  1 2 1,  2 1 1,
  1 2 2,  2 1 2,  2 2 1

「6通り」という答は，正しいのだろうか？ 別の考え方で，確かめてみよう。まず

「1つももらえない人が**いない**」

という条件を外したらどうなるか，考えてみよう。それなら表

$\underline{\begin{array}{ccc} A & B & C \\ * & * & * \end{array}}$

の空欄＊に，1か2を自由に書き込んでよいのだから，その書き方は

$2 \times 2 \times 2 = 2^3 = 8$（通り）

ある。これは
　　　　3種類のおみやげを全部，2人に自由に分ける仕方の数
といってもよい。
「1つももらえない人が**いない**」分け方の数は，この「8通り」から，
　　　　1つももらえない人が**いる**
場合の数を引けばよい。人数が2人ならそれは簡単で，
　　　　1番さんがもらえない場合
　　　　　　…2番さんが全部もらってしまう（1通り），
　　　　2番さんがもらえない場合
　　　　　　…1番さんが全部もらってしまう（1通り）
だから，2通りしかない。したがって，
　　　もらえない人が**いない**分け方の数
　　＝自由な分け方の数－もらえない人が**いる**分け方の数
　　＝8－2＝6
で，先ほどの答「6」は，確かに正しかった。

　この考え方は，数が増えても使えそうである。4つのおみやげを3人に分けるのであれば，まず
　　　　自由な分け方の数
　　　＝表 $\frac{\text{A B C D}}{\text{* * * *}}$ の作り方の数
　　　＝3×3×3×3＝$3^4$＝81
まではよい。ここから
　　　　もらえない人が**いる**分け方の数
を引けばよいが，人数が3人以上だと，ここが複雑になる――

## 第6章 プレゼント交換と包除原理

がしかし，このところこそ，さきほどの包除原理の出番である。

おみやげがA, B, C, Dの4つ，友達が1, 2, 3の3人だとして，

　　$S(k) = k$番さんが何ももらえないような分け方の集まり

としてみよう。ここには「1番さんが何ももらえない」分け方はすべて含まれるので，たとえば「3番さんが全部もらってしまう」(2番さんももらえない) ような分け方も，含まれている。だから，たとえば$S(1)$に含まれる分け方は，

| A | B | C | D |
|---|---|---|---|
| * | * | * | * |

のような表でいえば，*に「1以外の数 (2, 3の2種類) を自由に入れる」仕方の数，つまり

　　$2 \times 2 \times 2 \times 2 = 2^4 = 16$通り

だけある。$S(2)$も「*に，2以外の数を自由に入れる」仕方の数だけあり，$S(3)$も同様で，どれも16通りずつ分け方を含んでいる。したがって，

(1)　$N_1 = S(1)$に含まれる分け方の数
　　　　　$+ S(2)$に含まれる分け方の数
　　　　　$+ S(3)$に含まれる分け方の数
　　　$= 3 \times 16 = 48$

である。

次に，$S(1)$, $S(2)$, $S(3)$のうちの2つに共通する分け方は何通りあるだろうか。$S(1)$と$S(2)$に共通するのは，「1にも2にもあげない」，つまり「友達3に全部あげてしまう」分け方，

つまり1通りしかない。S(2)とS(3)に共通の分け方も，S(3)とS(1)の共通の分け方も同様で，次のことがいえる：

(2) $N_2 =$ S(1)とS(2)に共通する分け方の数
  $+$S(2)とS(3)に共通する分け方の数
  $+$S(3)とS(1)に共通する分け方の数
  $= 1 + 1 + 1 = 3$

(3) $N_3 =$ S(1)，S(2)，S(3)のすべてに共通する分け方の数
  $=$ 友達1，2，3が誰も何ももらえない
  $= 0$（4つのおみやげを全部分けるので，そのような分け方は考えていない！）

したがって，

　　1つももらえない人が**いる**分け方の総数
  $= N_1 - N_2 + N_3 = 48 - 3 + 0 = 45$

である。したがって，

　　1つももらえない人が**いない**分け方の数 $= 81 - 45 = 36$

となる——第1章で，腕ずくで求めた答は，正しかった！

一般に，$m$ 個のおみやげを $n$ 人に分けるときに，「1つももらえない人がいない」場合の数は，次のように計算できる。

(0) 無条件で，自由に分ける仕方：
  表 $\dfrac{1\ 2\ 3\ \cdots\ m}{*\ *\ *\ \cdots\ *}$ の $* * * \cdots *$ に，1から $n$ までの数を自由に入れてよいので，$n^m$ 通り。

(1) $k$ 番さんが何ももらえない分け方の数：
  表 $\dfrac{1\ 2\ 3\ \cdots\ m}{*\ *\ *\ \cdots\ *}$ の $* * * \cdots *$ に，$k$ を除く $(n-1)$ 個

の数を自由に入れてよいので，$(n-1)^m$ 通り。そして，$k$ は 1 から $n$ まで $n$ 通りあるから，

$$N_1 = n \times (n-1)^m$$

(2) $j$ 番さんと $k$ 番さんが何ももらえない分け方の数 = $(n-2)^m$ 通り。そして，$j$ と $k$ の組合せは $_nC_2$ 通りあるから，

$$N_2 = {_nC_2} \times (n-2)^m$$

(3) $i$ 番さん，$j$ 番さん，$k$ 番さんが何ももらえない分け方の数 = $(n-3)^m$ 通り。そして，$i, j, k$ の組合せは $_nC_3$ 通りあるから，

$$N_3 = {_nC_3} \times (n-3)^m$$

(s) 一般に，$s$ 人の友達が「何ももらえない」分け方の数 = $(n-s)^m$ 通り。そして，$s$ 人の友達の組合せは $_nC_s$ 通りあるから，

$$N_s = {_nC_s} \times (n-s)^m$$

結局，「1 つももらえない人がいる分け方」の総数は，次の式で表される：

$$N_1 - N_2 + N_3 - \cdots + (-1)^n N_{n-1}$$
$$= n \times (n-1)^m - {_nC_2} \times (n-2)^m + {_nC_3} \times (n-3)^m - \cdots$$
$$\cdots + (-1)^n {_nC_{n-1}} \times 1^m$$

ここから，次の事実が導かれる。

**事実6-3**

$m$ 個のおみやげを $n$ 人に配るとき，「1つももらえない人がいない分け方」の総数 $S$ は，次の式で表される：
$$S = n^m - n \times (n-1)^m + {}_nC_2 \times (n-2)^m - {}_nC_3 \times (n-3)^m + \cdots$$
$$\cdots + (-1)^{n-1} {}_nC_{n-1} \times 1^m$$

〈例〉$m=5$, $n=4$ であれば，答 $S$ は次のように計算できる：

$4^5 - 4 \times 3^5 + 6 \times 2^5 - 4 \times 1^5$

$= 1024 - 4 \times 243 + 6 \times 32 - 4 = 240$

ここで現れた

　　$m$ 個のおみやげを $n$ 人に，「何ももらえない人がいない」
　　ように分ける仕方の数 $S$

は，次の問題の答にもなっている。

**問題A** 区別のある $m$ 個の玉を，区別のある $n$ 個の箱に，空き箱がないように入れる仕方の数を求めよ。

**問題B** $m$ 個の要素を $n$ 個の要素に対応させる「表」（あるいは関数）

| 1 | 2 | 3 | $\cdots$ | $m$ |
|---|---|---|---|---|
| $f_1$ | $f_2$ | $f_3$ | $\cdots$ | $f_m$ |

で，「対応洩れがない」ものの数を求めよ。

「対応洩れがない」とは，

　　$n$ 個の要素のうちのどれもが，表の下段に現れる

ということである。またこの数 $S$ を人数の階乗 $n!$ で割った値

$$\frac{1}{n!}(n^m - {}_nC_1 \times (n-1)^m + {}_nC_2 \times (n-2)^m$$

$$- {}_nC_3 \times (n-3)^m + \cdots + (-1)^{n-1} {}_nC_{n-1} \times 1^m)$$

は**スターリング数**と呼ばれ，記号 ${}_mS_n$ で表される。スターリング数は，次の問題の答になっている。

---

**問題C** $m$ 個の異なるおみやげを $n$ 個の同じ袋に，空袋がないように分ける仕方の数を求めよ。

**問題D** 区別のある $m$ 個の玉を，区別のない $n$ 個の箱に，空き箱がないように入れる仕方の数を求めよ。

スターリング数 $_mS_n$ については,次の事実が知られている。

||事実6-4||
$$_mS_1 = {_mS_m} = 1$$

||事実6-5||
$1 < n < m$ のとき,
$$_mS_n = {_{m-1}S_{n-1}} + n \times {_{m-1}S_n}$$

〈証明〉$m$ 個のおみやげを分ける仕方は,次の2つに分けられる。

(ア) $(m-1)$ 個を $(n-1)$ 個の袋に分け,最後の1個を残りの袋に入れる――これが $_{m-1}S_{n-1}$ 通りある。

(イ) $(m-1)$ 個を $n$ 個の袋に分け(これが $_{m-1}S_n$ 通り),最後の1個をどこかの袋に入れる――袋には区別がなくても,中の品物によって(どれと一緒にするか,という)区別が生じているので,入れ方は $n$ 通り。

だから両方をあわせて, $_{m-1}S_{n-1} + n \times {_{m-1}S_n}$ (通り)になる。

〈例〉 $_4S_3 = {_3S_2} + 3 \times {_3S_3} = ({_2S_1} + 2 \times {_2S_2}) + 3 \times 1$
$= (1 + 2 \times 1) + 3 = 3 + 3 = 6$

これを $n! = 3! = 6$ 倍すれば,「4つの異なるおみやげを3人に,**洩れなく分ける**」仕方の数(36通り)が,再度確認できる:
$6 \times 6 = 36$

# 第7章 賭博と差分方程式

## 7.1 賭博と期待値

　賭博は，主催者がもうかるようにできている。競馬ではお客さんの賭け金の20ないし25％程度を主催者が取り，残りを「予想が当たった」お客さんに返しているのだし，宝くじでは50％以上を主催者が取ってしまう。外国のカジノで行われているルーレットやブラックジャックなどの賭博でも，これらに比べればわずかな率ではあるが，ちゃんと「主催者有利」の仕掛けが組み込まれている。

　しかしインターネットで「ブラックジャック必勝法」を検索してみると，関連サイトが14万8000件も見つかるので驚かされる。もちろん，賭博場で大もうけした人はいる。宝くじだって，3億円を当てた人がいるのだから，それはありえないことでは

ない。しかしその陰に、大小さまざまの「損をした」人々が、数え切れないくらいいるのである。

競馬でも宝くじでも「夢を買っている」ので、お小遣いの範囲内で遊ぶぐらいは、精神衛生上よいことかもしれない。しかし賭博にハマって財産をなくす人もいるし、詐欺まがいの商品にひっかかって大金を失う人も少なくないので、私たちはもう少し冷静に、事柄を観察してみた方がよさそうである。

まずだいじなことは、勝ち負けに伴う賞金の額である。競馬の場合は

　　　当たれば賭け金が何倍になって戻ってくるか

が「**オッズ**」と呼ばれ、これはもちろん大きい方がよい。しかしオッズが大きいのは「買い手が少ない——人気がない」証拠で、勝つ確率は小さいことが多い。ほんとうの目安になるのは

　　　賭け金×オッズ×勝つ確率

で、確率論の用語では収入の「**期待値**」と呼ばれる数値である。

残念ながら競馬の場合、賭け金は自分で決められるしオッズも公表されているが、肝心の「勝つ確率」が定かでない。そこで理論的な計算のしやすい「さいころ賭博」について、基礎の解説をしてみたい。

さいころは1から6までの目があるが、中に鉛などを仕込んだ「いかさまサイコロ」でなければ、どの目も同程度出やすいであろう。「丁」（偶数、2、4、6）の目が出るのは6つのうちの3つだからその確率は$\frac{3}{6}$、つまり$\frac{1}{2}$で、「半」（奇数、1、3、5）の目が出る確率も$\frac{3}{6}$、つまり$\frac{1}{2}$と考えてよい。だから丁

## 第7章 賭博と差分方程式

か半かは,五分五分である。古典的な「丁半賭博」では,これから振られるさいころの目が「丁(偶数)」か「半(奇数)」かに賭けて,当たれば賭け金が2倍になり,外れれば賭け金をそっくり取られる。たとえば100円を賭ければ,

　　当たれば200円もらえる　…100円のもうけ,

　　外れれば100円取られる　…100円のソン

であるから,損得の金額は釣り合っている。

この賭けを,賭け金100円で,100回繰り返したらどうなるだろうか。確率どおりにものごとが進むわけではないが,目安として「ぴったり確率どおり」の結果が出たとすると,50回当たりで,50回が外れになる——これは清水次郎長さんのように「丁」にだけ賭け続けても,気まぐれに「丁」とか「半」に張ってみても,同じ目安でよいと考えておこう。すると収支は

　　50回の勝ちで,合計　$50 \times 100 = 5000$（円）

　　50回の負けで,合計　$50 \times (-100) = -5000$（円）

差し引き

　　収支 $= 50 \times 100 + 50 \times (-100) = 0$　…（#）

となる——「理論的には,損得なし」ということである。

なお式(#)の左辺を賭けの回数・100で割ると,おもしろい式が出る。

$$\frac{1}{2} \times 100 + \frac{1}{2} \times (-100) = 0$$

この左辺は,「もうけ」と「ソン」の金額にそれぞれの確率を掛けて足し合わせたもので,

確率どおりにものごとが進んだときの,
　　1回あたりの平均的な収支
を表していて, 1回あたりの収支の**期待値**と呼ばれる。

収支の期待値が0の賭けは,「公平な賭け」と呼ばれる。これがプラスなら平均的にもうかり, マイナスなら平均的にはソンをする。ついでながら1枚300円のある宝くじの収支の期待値を計算してみたら, マイナス168円であった——平均的には半分も戻ってこないのである！

**教訓**　宝くじは, お小遣い稼ぎには不向きである。

さいころを使う賭けでは, 次のようなものが考えられる。

[賭博A]　（ぞろ目勝ち）　お客と主催者（胴元）が1つずつさいころを振る。1と1, 2と2のように2つのさいころで同じ目（ぞろ目）が出たらお客の勝ちで, 賭け金を6倍にして返す。それ以外はお客の負けで, 賭け金は没収される。

[賭博B]　（目の大小で勝負）　まずお客は1つのさいころを振る。1だったらお客の負けで, 賭け金はそこで没収される。それ以外だったら胴元がさいころを振り, 出た目が大きい方が勝ち, 同じだったら引き分けとする。なお賭け金は「胴元勝ち」なら没収,「お客勝ち」なら2倍にして返され, 引き分けならそのまま返される（やりとりなし）。

〈出典〉木村俊一『算数の究極奥義教えます』（講談社）
　　　……これはおもしろい本です！

## 第7章 賭博と差分方程式

まず賭博Aについて考えてみよう。2つのさいころをX, Yとすると, どちらも6通りの目があるのだから, その組合せは36通りで, そのうち「ぞろ目」は「1・1」から「6・6」までの6通りである。だから賭博Aでお客の勝つ確率は $\frac{6}{36}$, つまり $\frac{1}{6}$ である。なおその場合は「賭け金が6倍になって戻る」のだから, 賭け金の5倍がもうけになる。当然, 負ける確率はそれ以外の場合で $\frac{30}{36}$, あるいは $\frac{5}{6}$ である。だからお客が□円賭けたときの収支の期待値は, 次のようになる:

$$\frac{1}{6} \times (5 \cdot \square) + \frac{5}{6} \times (-\square) = 0$$

賭け金□は100円だろうと1万円だろうと同じなので, これは見かけはともかく, 公平な賭けである。

賭博Bはどうだろうか。まず計算をしやすくするために, 例外的な規則

　　（★）お客の目が1だったら, 胴元の勝ち

を省いて, 「お客の目が1でも, 胴元がさいころを振る」ことにして考えてみよう。それならどちらかが勝つのは, 次のような場合である。

〈お客の勝ち〉　　　　　　　〈胴元の勝ち〉

お客の目が2で胴元の目が1　　胴元の目が2でお客の目が1

お客の目が3で胴元の目が2以下　胴元の目が3でお客の目が2以下

お客の目が4で胴元の目が3以下　胴元の目が4でお客の目が3以下

お客の目が5で胴元の目が4以下　胴元の目が5でお客の目が4以下

お客の目が6で胴元の目が5以下　胴元の目が6でお客の目が5以下

胴元が勝つどの場合にも,それと同じ勝ち方がお客側にもある。どの目が出るかの確率は(インチキなしなら)お客も胴元も同じなので,数値を詳しく計算するまでもなく,次のことがいえる。

　　お客が勝つ確率も,胴元が勝つ確率も,同じだけある。

　お客は勝てば倍返し(賭け金と同額だけもうけ),負ければ没収(賭け金だけのソン)なので,これなら収支の期待値は0で,公平な賭けである。

　しかし例外的な規則(★)があるために,話は変わってくる。この規則がなければ

　　お客の目が「1」でも,胴元も「1」だったら引き分け

になるはずなのに,(★)のもとではお客の負けになってしまう。その確率は,「2人とも1が出る」確率で36回に1回,つまり $\frac{1}{36}$ である。だから

　　$\frac{1}{36}$ の確率で,引き分けになるところが
　　自動的に負けになってしまう

のである。そのぶんだけ引き分けの確率が減り,胴元が勝つ確率が増えるのだから,お客から見た収支の期待値は,ゼロからマイナスになる!

**参考**　正確に計算してみると,次のようになる:

　　胴元が勝つ確率 $= \frac{16}{36} \fallingdotseq 0.4444$,

　　お客が勝つ確率 $= \frac{15}{36} \fallingdotseq 0.4167$,

引き分けの確率 $= \dfrac{5}{36} \fallingdotseq 0.1389$

100円賭けたお客の，収支の期待値 $\fallingdotseq -2.8$（円）

なおカジノのブラックジャックでも，この（★）に似た「胴元有利」のルールが設定されている。ルーレットでも，1から36までの色分けされた場所があって，「赤か黒」，「奇数か偶数」などいろいろな賭け方ができるが，アメリカのカジノのルーレットにはそのほかに0と00という2つの場所があって，それが出ると「親の総取り」（無条件にカジノ側の勝ち）というルールである。だからたとえば「偶数」に賭けると，2から36までの偶数18通りのどれかが出ると当たりで，その確率は「36＋2＝38通りのうちの18通り」だから，

$$\dfrac{18}{38} = \dfrac{9}{19} = 0.47368\cdots$$

となる。100円賭けたときの期待値は

$$100 \times \dfrac{9}{19} + (-100) \times \dfrac{10}{19} = -100 \times \dfrac{1}{19} = -5.26\cdots$$

つまりおよそ「－5円強」になる――「0は2で割り切れるから偶数だ」といっても，カジノでは通用しないのである！

## 7.2　賭博と必勝法

いよいよ「必勝法」の検討に入ろう。まず断っておかないといけないのは，次の事実である。

> **事実7-1**
> 時間とお金が無制限にある悪魔には，必勝法がある

それはごく簡単で，「勝ったらやめる，勝つまで続ける」だけでよい。ただ人間がこれに従うと，途中で所持金がなくなって，賭けが続けられなくなることがある。また，大金持ちがちょびちょび賭ける場合でも，偶然負けがこんでくると，それを取り戻すのにとんでもない時間がかかることがあり，それも生身の人間にはできないことが多い。

では「所持金も時間も限られている」という条件のもとでは，どうなるのだろうか。たとえば話を単純な「丁半賭博」に限って，次の作戦はどうだろうか？

[作戦1]（マルチンゲール法） 最初はたとえば100円を賭ける。勝てばそこでやめるが，負けたら200円を賭ける。そのあと，いつでも勝ったらそこで終わり，負けたら賭け金を2倍にして，賭けを続ける。

〈例〉 最初3回負け続け，4回目にようやく勝った。賭け金は
　　　100円，200円，400円，800円
と増えて，最初の3回は失ったが，最後に800円もうけたから，収支は

$$-100-200-400+800=100$$

で，100円のプラスになる——ついでながら，この作戦の最終

## 第7章　賭博と差分方程式

的なもうけはいつでも「最初に賭けた金額」(この例では100円)である。

　この作戦は,昔はわかりやすく「倍賭け法」と呼ばれていた。これを「マルチンゲール法」と呼ぶのは,この種の確率現象を扱うための専門用語を借りたのであり,専門用語で素人を幻惑する「だましのテクニック」と思われる。

　これは「1回でも勝てば,もうかる」ので,必勝法——のように見えるかもしれない。しかし何と呼ぼうと,これは「悪魔にしか使えない」作戦である——所持金が限られている人間にとっては,「倍々と賭け金を増やす」のは無制限にはできない。

　たとえば1万円を懐に,100円からこの賭けを始めると,5回までは負け続けても困らないが,6回目に3200円を賭けて負けると残金が3700円になり,「倍賭け」はもう続けられない。

　もちろん6回も負け続けるのは,五分五分の賭けではめったにない——その確率は

$$\frac{1}{64} \fallingdotseq 0.0156$$

つまり1.6%程度で,98.4%はもうかる。だからこの作戦は,「最終的にもうかる確率を高める」作戦ではある。

　しかしもうかる時には収益は,いつでも100円しかないのに,負けて終わるときは所持金の半分以上を失う。最初に100円賭けた場合の収支でいうと,98.4%は100円のもうけで,1.6%は6300円のソンになる。収支の期待値は,しっかり計算してみると0なのである!

$$\frac{63}{64} \times 100 + \frac{1}{64} \times (-6300) = \frac{6300 - 6300}{64} = 0$$

一般的な証明は述べないが,次の事実はだいじだから特記しておこう。

> **事実7-2**
>
> 自由になるお金と時間が限られている場合,どのような作戦をとろうと,(1回当たり)0またはマイナスの期待値を,(全体として)プラスにすることはできない。

それでも「お人好しをダマす」作戦は後をたたない。インターネットを覗くと,次のような作戦もよく知られているようである。

作戦2 (モンテカルロ法) まず「賭け金の1単位」を決めておく——たとえば100円としておこう。

① ノートにまず数字1, 2, 3を書く。
② ノートの数字の,両端の和を賭ける——最初は1+3は4だから,4単位だけ,つまり400円賭けることになる。
③ 勝ったら両端の数字を消し(1, 2, 3なら2になる),負けたら今賭けた数字をそれまでの数の右に書き加える(1, 2, 3なら1, 2, 3, 4になる)。
④ 数字がなくなるか,1つだけになったらそこで終わり,2つ以上の数字が残っていたら,②に戻って賭けを続ける。

# 第7章 賭博と差分方程式

〈宣伝文句（**大ウソ！**）〉④で終わったときには，必ずもうかっている。

〈例〉

① ノートに1，2，3と書く。

② 400円賭ける——負けた（収支は-400円）。

③ ノートの数字に4を書き加える：1，2，3，4になる。

② 500円賭ける——勝った（-400+500=100（円））。

③ ノートの数字の両端を消す：2，3になる。

② 500円賭ける——負けた（100-500=-400（円））。

③ ノートの数字に5を書き加える：2，3，5になる。

② 700円賭ける——負けた（-400-700=-1100（円））。

③ ノートの数字に7を書き加える：2，3，5，7になる。

② 900円賭ける——勝った（-1100+900=-200（円））。

③ ノートの数字の両端を消す：3，5になる。

② 800円賭ける——負けた（-200-800=-1000（円））。

③ ノートの数字に8を書き加える：3，5，8になる。

② 1100円賭ける——負けた（-1000-1100=-2100（円））。

③ ノートの数字に11を書き加える：3，5，8，11になる。

② 1400円賭ける——勝った（-2100+1400=-700（円））。

③ ノートの数字の両端を消す：5，8になる。

② 1300円賭ける——負けた（-700-1300=-2000（円））。

③ ノートの数字に13を書き加える：5，8，13になる。

② 1800円賭ける——勝った（-2000+1800=-200（円））。

③　ノートの数字の両端を消す：8だけになる。

ここで賭けは、ルール④によって終了する。最終的な収支は、200円の赤字である！

倍賭け法ほどには、賭け金が急増することはない。しかし上の例からわかるように、「必ずもうかる」という宣伝文句は、**ウソ**である。確実にいえるのは、④で終了したとき、

　　　数字が消えうせて終了する場合は、

　　　6単位ぶんのもうけが出る

ことだけで、

　　　数字が1つ残って終わる場合には、

　　　その数字が7以上だと赤字になる

のである。何万とあるサイトをすべてチェックしたわけではないが、私が見たサイトではどこにも、この事実は記されていなかった。何回か実際にやってみればすぐわかることなのに、よく確かめもしないで、平気で「必ずもうかる！」などと「丸写し」してしまう人が多いのは、現在のインターネット文化のおそろしいところである。

イギリスの文献では、この点に気づいて修正した作戦が見つかった。なお修正点は④の**太字部分**だけであるが、最初から全部を書いておく。

|作戦3|　(ナポリタン・マルチンゲール法)　まず「賭け金の1単位」を決めておく。

第7章　賭博と差分方程式

① ノートに数字 1, 2, 3 を書く。
② ノートの数字の，両端の和を賭ける——最初は 1+3 は 4 だから，4 単位だけ賭けることになる。
③ 勝ったら両端の数字を消し（1, 2, 3 なら 2 になる），負けたら今賭けた数字をそれまでの数の右に書き加える（1, 2, 3 なら 1, 2, 3, 4 になる）。
④ 数字がなくなったらそこで終わり，2つ以上の数字が残っていたら，②に戻って賭けを続ける。**また数字が1つだけ残った場合は，その数だけ賭けて，③に戻る（勝ったらその数字を消し，負けたら同じ数字を右に書き加えることになる）。**

〈宣伝文句〉④で終わったときには，必ずもうかっている。

これなら，宣伝文句はある意味で正しい——④で終わった場合には，かならず6単位分のもうけが出る。しかしこの作戦を完全に実行できるのは悪魔だけで，我々人間は途中でお金が足りなくなったり，時間切れで，続けられなくなることがある。なお名前の理由はよくわからないが，まあ素人さんが魅力を感じてくれれば何でもよいのであろう。

ところで，コンピュータでシミュレーションをしてみたら，おもしろいことがわかった。

ゲームはアメリカ式のルーレットで，「奇数か偶数か」に賭ける——勝つ確率は $\frac{9}{19}$，負ける確率は $\frac{10}{19}$ である。1単位を100円として，

「ルール④で終わるか，あるいは所持金不足で
賭けが続けられなくなるまで」

を1サイクルとして，まず作戦2（モンテカルロ法）を5000サイクル実行してみた。その結果は，以下の通りであった。

(1) 最初の所持金が1000円の場合，2960サイクルでもうかり，2040サイクルで赤字になった。1サイクルあたりの平均のもうけは-41円弱であった。

(2) 最初の所持金が50万円の場合，4546サイクルでもうかり，454サイクルで赤字になった。1サイクルあたりの平均のもうけは，-749円強であった。

最初の所持金が大きい方が，「もうけて終わる」確率は大きくなるが，損をする時の金額が大きくなるため，1サイクルあたりの平均的な損失も大きくなってしまう。「悪粘りをするだけソン」なのである。

ナポリタン・マルチンゲールは，さらに粘る分だけ「平均の収支」はさらに悪くなり，同じようなコンピュータ・シミュレーションをやってみたが，最初の所持金が50万円の場合の1サイ

クルあたりの平均収支は，およそ－1100円であった！

**教訓**　「**必ず大もうけできる**」などという宣伝文句は，賭博でも金融商品でも，信じてはいけません。そんな方法がもしあるのなら，誰にも教えずに本人が使いまくるはずです！！！

**注意**　アメリカ式ルーレットで「奇数か偶数か」に100円を賭けたときの期待値は「－5円強」であったが，これが「－41円」などにふくらむのは「1サイクルあたり」の，つまり何回も賭けを繰り返した結果の期待値だからである。

## 7.3　とことん賭け続けると，どうなるか？

賭博について，「健全な常識」レベルでの解説は終わった。そこで数学的にもう一歩踏み込んだ，「賭博をとことんやると，どうなるか」を調べてみよう。まずは「公平な賭け」から始める。

### ◆公平な賭けの行く末

賭博C　ヤマさんとカワさんが，次のような賭けを行うことになった。

(1) 双方が1000円ずつ出す。

(2) さいころを振って，奇数の目が出たらヤマさんの勝ちで，偶数の目が出たら，カワさんの勝ちとする。

(3) 勝った方が，全額（2000円）を自分のものにする――1000円のもうけである。

問題 7-1 この賭けを，所持金がなくなるまで続けると，最終的にヤマさんが勝つ（カワさんの所持金がゼロになる）確率はどれくらいか？ ただし最初の所持金は，ヤマさんが3万円，カワさんが2万円とする。

（解法）合計金額を $N=50$（千円）とおく。また，$k$ 千円持っている人が

　　　最終的に勝つ（相手が破産する）確率

を $p_k$ とする——今の段階では，この $p_k$ は未知数である。

まず，1回の勝負で確率がどう変わるかを，観察してみよう。

```
                 勝つ    所持金 k+1   …ここから勝つ確率は，p_{k+1}
所持金 k（千円）
                 負ける  所持金 k-1   …ここから勝つ確率は，p_{k-1}
```

勝つ確率は $\frac{1}{2}$ だから，

　　　最初に勝って，それから最終的に勝つ確率

　　＝最初に勝つ確率

　　　×そのあと（所持金が $(k+1)$ 千円で）最終的に勝つ確率

　　$=\frac{1}{2} \times p_{k+1}$

である。また

　　　最初に負けて，それから最終的に勝つ確率

　　$=\frac{1}{2} \times p_{k-1}$

である。最初に勝つか負けるかは「どちらか一方しか起こらない」（排反）だから，「所持金 $k$ のヤマさんが，最終的に勝つ」

確率 $p_k$ はこれらの和で,

$$p_k = \frac{1}{2} \times p_{k+1} + \frac{1}{2} \times p_{k-1} \quad \cdots (1)$$

となる。

 一方,所持金がなくなれば「最終的な負け」(もう勝てない!)であるから

$$p_0 = 0 \quad \cdots (2)$$

 有り金を全部ものにできれば,相手は破産で「最終的に勝ち」であるから

$$p_N = 1 \quad \cdots (3)$$

が成り立つ。(1), (2), (3)から, $p_k$ の値を具体的に求めるのが,さしあたりの目標である。

 条件式(1)は, $p_k$ を移項すると,次の形に変形できる:

$$\frac{1}{2} p_{k+1} - p_k + \frac{1}{2} p_{k-1} = 0$$

さらに両辺を2倍すれば:

$$p_{k+1} - 2p_k + p_{k-1} = 0 \quad \cdots (4)$$

となる。

 これで「漸化式」が得られたが,できれば閉じた公式がほしい。ようすを見るために, $k=1, 2, 3, \cdots$ についてともかく計算をすすめてみよう。まず漸化式(4)を,計算しやすいように $p_{k+1}$ 以外を右辺に移項して,

$$p_{k+1} = 2p_k - p_{k-1} \quad \cdots (5)$$

の形に直しておく。ここで $k=1$ とおくと,条件(2)から

$$p_2 = 2p_1 - p_0 = 2p_1 - 0 = 2p_1$$

205

また

$$p_3 = 2p_2 - p_1 = 2 \cdot 2p_1 - p_1 = 3p_1,$$
$$p_4 = 2p_3 - p_2 = 2 \cdot (3p_1) - 2p_1 = 4p_1,$$
$$p_5 = 2p_4 - p_3 = 2 \cdot (4p_1) - 3p_1 = 5p_1$$

このように，どこまでいっても

$$p_k = k \cdot p_1 \qquad \cdots(\$)$$

が成り立つ。実際，たとえば

$$p_4 = 4 \cdot p_1, \quad p_5 = 5 \cdot p_1$$

のように，2つ続いて（\$）が成り立っていたら，

$$\begin{aligned}p_6 &= 2p_5 - p_4 \\ &= 2 \times 5 \cdot p_1 - 4 \cdot p_1 \\ &= 5p_1 + 5p_1 - 4p_1 \\ &= 6p_1\end{aligned}$$

となり，$p_6$ でも（\$）が成り立つ。それなら $p_5$ と $p_6$ についても，「（\$）が2つ続けて成り立つ」のだから，$p_7$ についても（\$）が成り立つ……というように，「ドミノ倒し」と同じ調子で，次から次へと「（\$）が成り立つ」ことが確かめられる。だから「（\$）がすべての $k$ について成り立つ」ことは，当然といってよいであろう。

ここで条件(3)を思い出すと，

$$p_N = N \cdot p_1 = 1$$

したがって

$$p_1 = \frac{1}{N}$$

である。これですべての $p_k$ に対する「閉じた公式」が得られた：

$$p_k = k \cdot p_1 = \frac{k}{N}$$

ここからそもそもの問題の答もわかる。

ヤマさんが最終的に勝つ確率は，$\frac{30}{50}$である。

所持金$n$の場合勝つ確率は$\frac{n}{N}$であるから，カワさんが勝つ確率は$\frac{20}{50}$である。だから，2人が勝つ確率の比は，次のようになる：

$$\frac{30}{30+20} : \frac{20}{30+20} = 30 : 20 = 3 : 2$$

これはだいじな結論だから，強調しておこう。

┨事実7-3┠

公平な賭けを一方の所持金がなくなるまで繰り返したとき，最終的に勝つ確率の比は，所持金の比に一致する。

これは資本主義社会での弱肉強食（大きい魚が小さい魚を食う）の，ひとつの象徴ではないだろうか？

◆**不公平な賭けの行く末**

例として，7．1でとりあげた賭博Bを再利用してみよう。

賭博B （目の大小で勝負：再掲） まずお客は1つのさいころを振る。1だったらお客の負けで，賭け金はそこで没収される。それ以外だったら胴元がさいころを振り，出た目が大きい方が勝ち，同じだったら引き分けとする。なお賭け金は

「胴元勝ち」なら没収,「お客勝ち」なら2倍にして返され,引き分けならそのまま返される(やりとりなし)。

194ページにも述べたが,この賭博では

$$お客が勝つ確率 = \frac{15}{36},$$

$$引き分けの確率 = \frac{5}{36},$$

$$胴元が勝つ確率 = \frac{16}{36}$$

である。そこで1回の賭け金を「1単位」として,お客の所持金を$m$,胴元の所持金を$n$とし,所持金$k$単位のお客が勝つ確率を$p_k$とおくと,次のようなことがいえる。

1回の勝負で,お客が勝つ確率は次のように変化する。

お客の所持金$k$ 
- 勝つ → 所持金$k+1$ …それから勝つ確率は$p_{k+1}$
- 引き分け → 所持金$k$ …それから勝つ確率$p_k$
- 負ける → 所持金$k-1$ …それから勝つ確率は$p_{k-1}$

したがって,

$$まず勝ってから最終的に勝つ確率 = \frac{15}{36} \times p_{k+1}$$

$$まず引き分け,それから最終的に勝つ確率 = \frac{5}{36} \times p_k$$

$$まず負けて,それから最終的に勝つ確率 = \frac{16}{36} \times p_{k-1}$$

これらの和が「所持金$k$のお客が最終的に勝つ確率」であるから,次の式が成り立つ:

$$p_k = \frac{15}{36} \times p_{k+1} + \frac{5}{36} \times p_k + \frac{16}{36} \times p_{k-1} \cdots (6)$$

また所持金が0になれば負けで

$p_0 = 0$             … (7)

相手の所持金を巻き上げられれば最終的に勝ちであるから

$p_{m+n} = 1$            … (8)

である。

式(6)は，次のように変形できる：

$15p_{k+1} - 31p_k + 16p_{k-1} = 0$      … (9)

これはさっきのように

$p_0 = 0$

を利用すれば，すらすら解けそう……に見えるかもしれないが，実際にやってみると式がどんどん複雑になり，数値計算はできるが「閉じた公式」は見つかりそうもない——そろそろ理論の出番である。

一般に，「数列の項を未知数とする方程式」は，**差分方程式**と呼ばれる。特に

$p_{k+1} - 2p_k + p_{k-1} = 0$       … (4)

とか

$15p_{k+1} - 31p_k + 16p_{k-1} = 0$      … (9)

のように「1次式で表される方程式」は，**線形差分方程式**と呼ばれる。

線形差分方程式は，次の手順で解くことができる。(9)を例として，説明してみよう。

① $p_{k+1}$, $p_k$, $p_{k-1}$ を，$t^2$, $t$, 1で置き換えた方程式を作る：
$$15t^2 - 31t + 16 = 0 \quad \cdots (9A)$$
これをもとの方程式 (9) の**特性方程式**という。

② 特性方程式の解を求める：この例では
$$15t^2 - 31t + 16 = (15t - 16)(t - 1)$$
と因数分解できるから，解は
$$\alpha = \frac{16}{15}, \quad \beta = 1$$
の2つである。

③ もとの差分方程式の解は，ある定数$C$, $D$によって，
$$p_k = C\alpha^k + D\beta^k$$
という形で表される。

④ 定数$C$, $D$の値は，差分方程式以外に与えられている条件——今の場合は
$$p_0 = 0, \quad p_{m+n} = 1$$
が成り立つように決めればよい。


根拠は後回しにして，やってみると：
$$p_0 = C\alpha^0 + D\beta^0 = C \cdot 1 + D \cdot 1 = 0$$
から
$$D = -C$$
また
$$p_{m+n} = C\alpha^{m+n} + D\beta^{m+n} = C\alpha^{m+n} - C\beta^{m+n}$$
$$= C \cdot \left(\frac{16}{15}\right)^{m+n} - C \cdot 1^{m+n} = 1$$
から$C$の値も決まる：

$$C = \frac{1}{\left(\dfrac{16}{15}\right)^{m+n} - 1}$$

これで未知数 $p_k$ の値を表す閉じた公式が得られた：

$$p_k = \frac{1}{\left(\dfrac{16}{15}\right)^{m+n} - 1} \times \left(\dfrac{16}{15}\right)^k + \left[ -\frac{1}{\left(\dfrac{16}{15}\right)^{m+n} - 1} \right] \times 1^k$$

$$= \frac{\left(\dfrac{16}{15}\right)^k - 1}{\left(\dfrac{16}{15}\right)^{m+n} - 1}$$

この式は，見かけは悪いが，いろいろな情報を含んでいる。たとえばお客の持ち金 $m$ が100万単位，胴元の持ち金 $n$ が100単位であるとしてみよう。公平な賭けであれば，お客と胴元の勝つ確率は100万対100で，1万倍もお客が有利である。ところが……

$$p_m = \frac{\left(\dfrac{16}{15}\right)^m - 1}{\left(\dfrac{16}{15}\right)^{m+n} - 1}$$

$$= \frac{1 - \left(\dfrac{15}{16}\right)^m}{\left(\dfrac{16}{15}\right)^n - \left(\dfrac{15}{16}\right)^m} \quad \cdots 分母・分子に \left(\dfrac{15}{16}\right)^m をかける$$

$$\fallingdotseq \frac{1}{\left(\dfrac{16}{15}\right)^n} \quad \cdots \left(\dfrac{15}{16}\right)^m \fallingdotseq 0 より$$

$$= \left(\dfrac{15}{16}\right)^n$$

だから $n$ が100でも，

$p_m$ を表す最後の式 $\left(\dfrac{15}{16}\right)^{100} = 0.001574\cdots$

で，百万長者のお客でもまず勝てない！――これが「不公平な賭け」の恐ろしいところで，「賭博場で大もうけした客」に「次の日に，すってんてんになってしまった」という後日談がついて回るのは，そのせいであろう。

**教訓** 賭博場では，「ハマったら骨までしゃぶられる」――楽しむのはよいが，「大もうけしよう」などとさもしいことを夢見てはいけません！

---

**〈参考〉線形差分方程式の解法の根拠**

もとの方程式を

$$ap_{n+2} + bp_{n+1} + cp_n = 0 \qquad \cdots(\#)$$

とする（添え字 $k+1$, $k$, $k-1$ が $n+2$, $n+1$, $n$ になっているが，あとの説明をラクにするためで，本質的な変更ではない）。

## 第7章 賭博と差分方程式

$a=0$ の場合には，方程式は

$$p_{n+1} = \left(-\frac{c}{b}\right) p_n$$

と書き換えられるので，これは何のことはない，等比数列である —— $p_0$ の値を決めれば，あとは自動的に決まってしまう：

$$p_n = \left(-\frac{c}{b}\right)^n p_0$$

では $a \neq 0$ の場合はどうだろうか？ この場合も「等比数列の解がある」と予想して，探してみよう。もし

$$p_n = t^n \quad (t \neq 0)$$

という解があるとすれば，もとの方程式（#）に代入すると

$$at^{n+2} + bt^{n+1} + ct^n = 0 \quad \cdots(\#\#)$$

したがって，両辺を $t^n$（$\neq 0$）で割れば

$$at^2 + bt + c = 0$$

これが「特性方程式」の出どころである。これが $\alpha$, $\beta$ という2つの解をもっている，とすると，当然

$$p_0 = \alpha^0, \ p_1 = \alpha^1, \ p_2 = \alpha^2, \ \cdots, \ p_n = \alpha^n$$

も，

$$p_0 = \beta^0, \ p_1 = \beta^1, \ p_2 = \beta^2, \ \cdots, \ p_n = \beta^n$$

も，もとの差分方程式（#）を満たす——それは（##）が成り立つのだからあたりまえで，機械的な代入計算でも確認できる。さらに，これらの定数倍の和

$$p_n = C \cdot \alpha^n + D \cdot \beta^n$$

も，もとの方程式（#）を満たす——これは1次式の特徴

であるが,単純な「式の計算」で確かめられる:
$$a(C\cdot \alpha^{n+2}+D\cdot \beta^{n+2})+b(C\cdot \alpha^{n+1}+D\cdot \beta^{n+1})$$
$$+c(C\cdot \alpha^n+D\cdot \beta^n)$$
$$=a\cdot C\cdot \alpha^{n+2}+b\cdot C\cdot \alpha^{n+1}+c\cdot C\cdot \alpha^n$$
$$+a\cdot D\cdot \beta^{n+2}+b\cdot D\cdot \beta^{n+1}+c\cdot D\cdot \beta^n$$
$$=C\cdot \alpha^n\cdot (a\alpha^2+b\alpha+c)$$
$$+D\cdot \beta^n\cdot (a\beta^2+b\beta+c)=0+0=0$$

**補足** 特性方程式が3次以上になる場合も,原理は同じである。ただ2次であっても,
$$(t-1)^2=0$$
のような形だと,解がひとつしかないので,かえってやりにくい。しかしその場合は,
$$p_n=Cn+D$$
が解になることが示せる——深くは立ち入らないが,計算で確かめられる(203ページの「公平な賭けの行く末」で扱ったのがこの場合,しかも$D=0$になる場合であった)。

## 7.4 フィボナッチ数再訪

再びフィボナッチ数をとりあげてみよう。問題は漸化式
$$F_{n+2}-F_{n+1}-F_n=0 \quad \cdots (\text{F})$$
の解を,条件
$$F_1=F_2=1$$

のもとで求めることである。ただ，便宜上 $F_0=0$ という項を付け加えると，

$F_0+F_1=0+1=1=F_2$

だから漸化式(F)も守られているし，後の計算が少しラクになるので，ここでは

$F_0=0, \quad F_1=1$

を使うことにする。

さて，問題の漸化式(F)は，さきほど扱った差分方程式であるから，一般的な手法で「閉じた公式」を導くことができるはずである。

① まずは特性方程式を作る：

$t^2-t-1=0$

② 特性方程式の解を求める：今度は解の公式を使って：

$$\alpha = \frac{1+\sqrt{5}}{2}, \quad \beta = \frac{1-\sqrt{5}}{2}$$

③ もとの差分方程式の解は，ある定数 $C, D$ によって，

$F_n = C\alpha^n + D\beta^n$

という形で表される。

④ 定数 $C, D$ の値は，差分方程式以外に与えられている条件——今の場合は

$F_0=0, \quad F_1=1$

が成り立つように決めればよい。やってみると，まず

$F_0 = C\alpha^0 + D\beta^0 = C+D = 0$

から

$$D = -C$$

で,

$$F_1 = C\alpha^1 + D\beta^1 = C\alpha - C\beta = 1$$

から

$$C\frac{1+\sqrt{5}}{2} - C\frac{1-\sqrt{5}}{2} = C \times \sqrt{5} = 1,$$

したがって

$$C = \frac{1}{\sqrt{5}}$$

これでフィボナッチ数を表す閉じた公式,「ビネの公式」が導かれた!

$$F_n = \frac{1}{\sqrt{5}} \left(\frac{1+\sqrt{5}}{2}\right)^n + \left(-\frac{1}{\sqrt{5}}\right) \left(\frac{1-\sqrt{5}}{2}\right)^n$$

$$= \frac{1}{\sqrt{5}} \left[\left(\frac{1+\sqrt{5}}{2}\right)^n - \left(\frac{1-\sqrt{5}}{2}\right)^n\right]$$

# 第8章　自然数の和と母関数

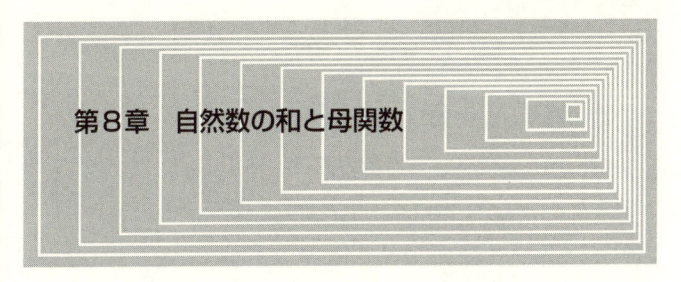

　最近，小学校の算数の教科書では，数を表すのにタイル□がよく使われている。これは
「2たす3は？」のような問題で，「何を足しているの？　えんぴつ？　100円玉？？」などと悩む子どもたちのために，
　　　　□□　と　□□□
のような「目に見えるもの」を提示し，しかも「個性がない，何の代わりにもなりうる」というすぐれものである。

　このような「図形的なわかりやすさ」は，「幾何学の透明性」とも呼ばれ，ほかにもたくさんの例がある。$2 \times 2 = 4$ や $3 \times 3 = 9$ などという，いわゆる「平方数」が，タイルでは正方形

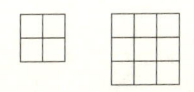

で表されるのも，理解の助けになることがある。ここでは「自然数の和」について，おもしろい例をいくつか紹介してみたい。

## 8.1 幾何学の透明性

### ◆奇数の和は「正方形」

1から始まる連続する奇数の和は，必ず $2\times2=4$ とか $3\times3=9$ などという，いわゆる「平方数」になる。

〈例〉 $1+3=4=2^2$, $\qquad 1+3+5=9=3^2$,
$\qquad 1+3+5+7=16=4^2$

その理由を古代ギリシャ人は，タイルを使って次のように説明した：

〈例〉

$1+3+5=\square+\boxed{\phantom{x}}+\boxed{\phantom{xx}}$

$=\square+\boxed{\phantom{x}}+\boxed{\phantom{xx}}=\boxed{\phantom{xxx}}$

コレ スゴクない?!

第8章 自然数の和と母関数

これは私の好きな例で，このような説明を最初に思いついた人は，さぞうれしかったろうなあ，と思うのである。

### ◆自然数の和の，2倍は「長方形」

1, 2, 3, …から $n$ までの自然数の和については，「2倍すると，隣り合う数の掛け算で表せる」というおもしろい性質がある。

$$(1+2+3) \times 2 = 6 \times 2 = 12 = 3 \times 4,$$
$$(1+2+3+4) \times 2 = 10 \times 2 = 20 = 4 \times 5,$$
$$(1+2+3+4+5) \times 2 = 15 \times 2 = 30 = 5 \times 6$$

これは次のように説明できる。

〈例〉

1+2+3+4 = □ + □ + □ + □

これをもうひとつ描いて，回転させると：

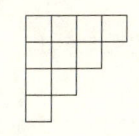

最初の図形と合体させると：

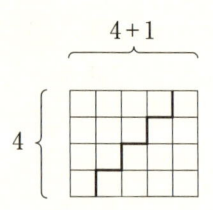

$$\underbrace{\phantom{xxxxx}}_{4+1}$$

4 { [図: 4×5のグリッドに階段状の太線]

したがって,

$$(1+2+3+4) \times 2 = 4 \times (4+1)$$

他の場合も同様なので,

$$(1+2+\cdots+n) \times 2 = n \times (n+1)$$

ここから「**自然数の和の公式**」が生まれる:

---
**公式8-1**

$$1+2+\cdots+n = \frac{1}{2} n(n+1)$$

---

◆**平方数の和の, 3倍は「長方形」**

平方数の和, たとえば

$$1^2 + 2^2 + 3^2 = 1 + 4 + 9 = 14$$

は, 3倍すると簡単な数の積になる:

$$14 \times 3 = 42 = 6 \times 7$$

これも図形的に, 次のように説明できる。

〈例〉

$$S = 1^2 + 2^2 + 3^2 = \square + \boxed{\phantom{xx}} + \boxed{\phantom{xxx}}$$

を3組，ヨコ6・タテ7の長方形にぴったり埋めこめることを示す。

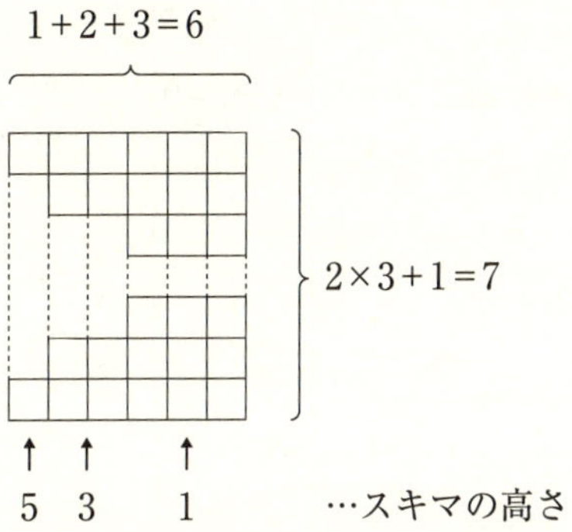


これで 6×7 の長方形の中に，Sが2つまでは入って，スキマができた。では残りのスキマは，どれくらいの大きさなのだろうか？　右から1が3つ，「タテの3」が2つ，「タテの5」が1つある。だからそれらの合計は：

$1+1+1$　…1が3つ，

$+3+3$　…3が2つ，

$+5$　…5が1つ

ここで同じ列の数を，上から下に加えると，「奇数の和は正方形（平方数）」から：

$=1+4+9$

$=1^2+2^2+3^2$,

つまりSになる。だから

ヨコ　$1+2+3=6$,　タテ　$2\times3+1=7$

の長方形の中に、Sがちょうど3組おさまるわけである：

$$3(1^2+2^2+3^2) = (1+2+3) \times (2 \times 3 + 1)$$

同じように，

ヨコ $1+2+3+4=10$, タテ $2 \times 4 + 1 = 9$

の長方形の中に，

$$T = 1^2 + 2^2 + 3^2 + 4^2$$

が3つおさまることもわかる：

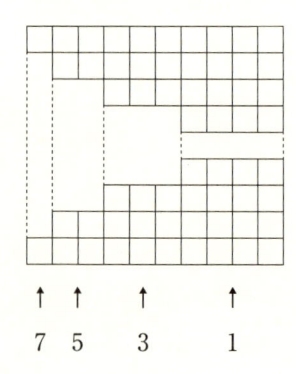

↑　↑　　↑　　　↑
7　5　　3　　　1

スキマ部分はまたしても

$1+1+1+1 \cdots 1$ が4つ，

$+3+3+3 \cdots 3$ が3つ，

$+5+5 \cdots 5$ が2つ，

$+7 \cdots 7$ が1つ

$= 1+4+9+\mathbf{16}$

$= 1^2+2^2+3^2+4^2$

ここから一般に

第8章　自然数の和と母関数

$$(1^2+2^2+\cdots+n^2)\times 3 = (1+2+\cdots+n)\times(2n+1)$$

が成り立つことがわかる。右辺の第1項に公式8-1をあてはめて，両辺を3で割ると，次の「**平方和の公式**」が導かれる：

**公式8-2**

$$1^2+2^2+\cdots+n^2 = \frac{1}{3}\times\frac{1}{2}\,n(n+1)(2n+1) = \frac{1}{6}\,n(n+1)(2n+1)$$

◆立方数の和は，「正方形」

1, 2, 3, …の3乗

$$1^3 = 1\times 1\times 1 = 1,\ 2^3 = 2\times 2\times 2 = 8,\ 3^3 = 3\times 3\times 3 = 27,\ \cdots$$

は「立方数」と呼ばれるが，これらは

$1^3 = 1\times 1^2$：□

$2^3 = 2\times 2^2$：□ ＋ □

$3^3 = 3\times 3^2$：□ ＋ □ ＋ □

のように，複数個の正方形で表すことができる。そしてこれらの正方形を上手に並べかえると，立方数の和を正方形で表すことができる。

まず $1^3$ だけなら，それはもともと正方形なので，問題ない：

□

次に、これに $2^3$、つまり 2 つの $2^2$：

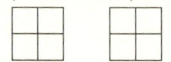

をつけ加えるのであるが、都合でひとつの $2^2$ を半分にして、次のように並べる：

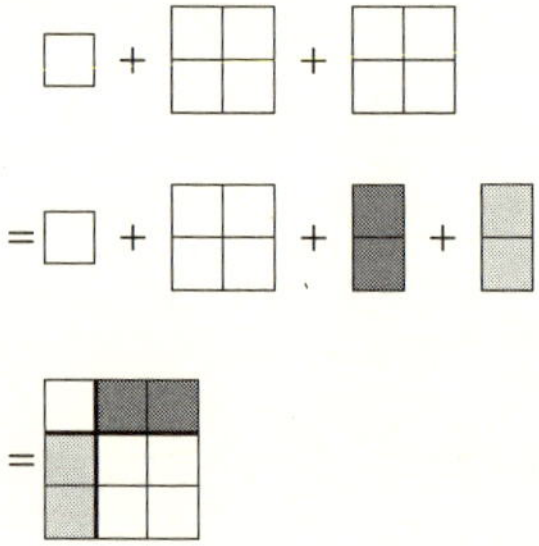

これで一辺の長さが $1+2$ の正方形ができた。

これにさらに $3^3 = 3 \times 3^2$：

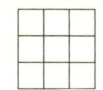

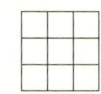

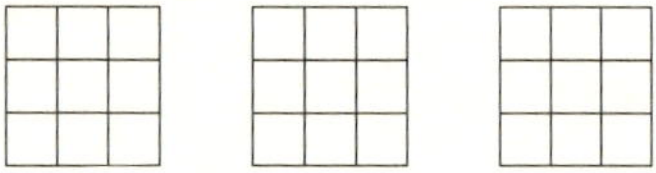

を付け加えるのは簡単で、さきほどの正方形のまわりに、ぴったりつなぐことができる：

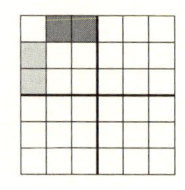

これで一辺が $(1+2+3)$ の正方形ができた。

これにさらに $4^3 = 4 \times 4^2$ を付け加えるには,ちょっと工夫がいる:

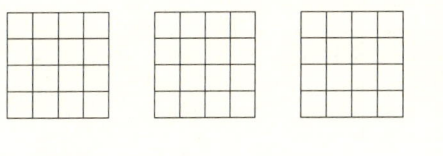

正方形 $4^2$ をひとつだけ,半分にしなければならない:

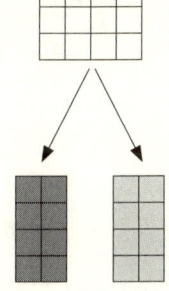

すると,これらはさきほどの正方形

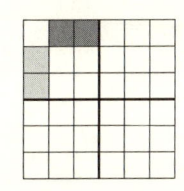

のまわりに,ぴったりつなぐことができる:

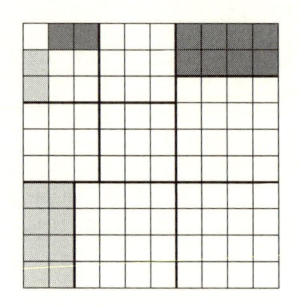

これで一辺が $1+2+3+4$ の大きな正方形ができた。

　このあともまったく同様の手順で，立方数

　　$5^3 = 5 \times 5^2, \ 6^3 = 6 \times 6^2, \ 7^3 = 7 \times 7^2, \ \cdots$

をつけ加えて，さらに大きな正方形を作ることができる。ただし，一辺の長さが偶数の小正方形をつけ加えるときには，そのうちひとつを半分にしなければならない。

★「信じられない」と思う人は，ぜひ自分で図を描いて，ためしてみてください。かならずナットクできるでしょう！

　こうして

　　$1^3 + 2^3 + \cdots + n^3$

　　$= 1 \times 1^2 + 2 \times 2^2 + \cdots + n \times n^2$

は，いつでも一辺が

　　$1+2+3+\cdots+n$

の正方形の中に，ぴったり埋め込むことができる。だから次の「**立方数の和の公式**」が成り立つ：

## 公式8-3

$$1^3 + 2^3 + \cdots + n^3 = (1+2+\cdots+n)^2 = \left(\frac{1}{2}n(n+1)\right)^2 = \frac{1}{4}n^2(n+1)^2$$

## 8.2 代数学の一般性

幾何学的な説明は、わかりやすいが、自然数の和については「立方数（3乗）の和」あたりが限界で、それ以上は手が届かない。しかし代数的な計算なら、何乗だろうとやりとげることができる。ただ計算はとてもめんどうなので、ここでは4乗の和について、方針だけを示してみよう。

これまでの公式は、

　　$n$ までの自然数の和 = $n$ の2次式，

　　$n$ までの自然数の2乗の和 = $n$ の3次式，

　　$n$ までの自然数の3乗の和 = $n$ の4次式

であった。それならたぶん，

　　$n$ までの自然数の4乗の和 = $n$ の5次式

になるであろう。そこでその5次式を

　　$W_4(n) = a \cdot n^5 + b \cdot n^4 + c \cdot n^3 + d \cdot n^2 + e \cdot n + f$

とおいて，係数 $a$, $b$, $\cdots$, $f$ を求めてみよう。まず

　　$n = 0$ のとき，和は 0（式で書けば $W_4(0) = 0$）

だとすると，定数項 $f$ は 0 でなければならない。さらに $n = 1, 2, 3, 4, 5$ の場合について，次の等式が成り立つはずである。

$$a \cdot 1^5 + b \cdot 1^4 + c \cdot 1^3 + d \cdot 1^2 + e \cdot 1 = 1^4 = 1,$$
$$a \cdot 2^5 + b \cdot 2^4 + c \cdot 2^3 + d \cdot 2^2 + e \cdot 2 = 1^4 + 2^4 = 1 + 16 = 17,$$
$$a \cdot 3^5 + b \cdot 3^4 + c \cdot 3^3 + d \cdot 3^2 + e \cdot 3$$
$$= 1^4 + 2^4 + 3^4 = 1 + 16 + 81 = 98,$$
$$a \cdot 4^5 + b \cdot 4^4 + c \cdot 4^3 + d \cdot 4^2 + e \cdot 4$$
$$= 1^4 + 2^4 + 3^4 + 4^4 = 98 + 256 = 354,$$
$$a \cdot 5^5 + b \cdot 5^4 + c \cdot 5^3 + d \cdot 5^2 + e \cdot 5$$
$$= 1^4 + 2^4 + 3^4 + 4^4 + 5^4 = 354 + 625 = 979$$

よく見るとこれは,$a$ から $e$ までを未知数とする,連立1次方程式ではないか?

$$\begin{cases} a + b + c + d + e = 1 \\ 32a + 16b + 8c + 4d + 2e = 17 \\ 243a + 81b + 27c + 9d + 3e = 98 \\ 1024a + 256b + 64c + 16d + 4e = 354 \\ 3125a + 625b + 125c + 25d + 5e = 979 \end{cases}$$

ここから先は,「そりゃあ,計算すれば解けるだろう」と思えばそれでよいので,みなさんがご自分で確認する必要はないが,一応途中経過も書いておくと,次のようになる(230ページの★印まで,読み飛ばしてもかまいません)。

下の式からひとつ上の式を引くと,$e$ の係数がすべて1の,次の式になる(第1式だけはそのまま残しておく):

①       $a + \phantom{00}b + \phantom{0}c + \phantom{0}d + e = \phantom{00}1$

②    $31a + \phantom{0}15b + \phantom{0}7c + 3d + e = \phantom{0}16$

③   $211a + \phantom{0}65b + 19c + 5d + e = \phantom{0}81$

④   $781a + 175b + 37c + 7d + e = 256$

⑤  $2101a + 369b + 61c + 9d + e = 625$

そこで再度,「下の式から上の式を引く」と, $e$ が消えて, 次の式になる:

⑥ = ② − ①    $30a + \phantom{0}14b + \phantom{0}6c + 2d = \phantom{0}15$

⑦ = ③ − ②   $180a + \phantom{0}50b + 12c + 2d = \phantom{0}65$

⑧ = ④ − ③   $570a + 110b + 18c + 2d = 175$

⑨ = ⑤ − ④  $1320a + 194b + 24c + 2d = 369$

このあとも同じ方針で, 長くはなるが順調に, $d$, $c$, $b$ を消去できる:

$d$ の消去:

⑩ = ⑦ − ⑥   $150a + 36b + 6c = \phantom{0}50$

⑪ = ⑧ − ⑦   $390a + 60b + 6c = 110$

⑫ = ⑨ − ⑧   $750a + 84b + 6c = 194$

$c$ の消去:

⑬ = ⑪ − ⑩   $240a + 24b = 60$

⑭ = ⑫ − ⑪   $360a + 24b = 84$

$b$ の消去:

⑮ = ⑭ − ⑬   $120a = 24$

こうして
$$a = \frac{24}{120} = \frac{1}{5}$$

が導かれる。これを⑬に代入すれば

$$b = \frac{60 - 240a}{24}$$

$$= \frac{60 - 240 \times \frac{1}{5}}{24}$$

$$= \frac{60 - 48}{24} = \frac{12}{24} = \frac{1}{2},$$

このあとも同様に, ⑩, ⑥, ①から

$$c = \frac{50 - 150a - 36b}{6}$$

$$= \frac{50 - 150 \times \frac{1}{5} - 36 \times \frac{1}{2}}{6}$$

$$= \frac{50 - 30 - 18}{6} = \frac{2}{6} = \frac{1}{3},$$

$$d = \frac{15 - 30 \times \frac{1}{5} - 14 \times \frac{1}{2} - 6 \times \frac{1}{3}}{2}$$

$$= \frac{15 - 6 - 7 - 2}{2} = 0,$$

$$e = 1 - \frac{1}{5} - \frac{1}{2} - \frac{1}{3} - 0 = -\frac{1}{30}$$

が次々と求まる。

★ (答) $W_4(n) = \dfrac{1}{5} n^5 + \dfrac{1}{2} n^4 + \dfrac{1}{3} n^3 - \dfrac{1}{30} n$

〈検算〉

$n=6$ のとき：

$$1^4+2^4+3^4+4^4+5^4+6^4 = 1+16+81+256+625+1296$$
$$= \mathbf{2275},$$

$$W_4(6) = \frac{1}{5}\times 6^5 + \frac{1}{2}\times 6^4 + \frac{1}{3}\times 6^3 - \frac{1}{30}\times 6$$

$$= \frac{1}{5}\times 7776 + \frac{1}{2}\times 1296 + \frac{1}{3}\times 216 - \frac{1}{30}\times 6$$

$$= 1555.2 + 648 + 72 - 0.2 = \mathbf{2275}$$

## 8.3 解析学のパンチ力

「微分」や「積分」など，無限（特に「極限」）の関係する数学は「**解析学**」と呼ばれている。微分・積分はご存じない方が多いかもしれないが，「高校（あるいは大学）で習った」という方もおられるかと思うので，ここでその応用を紹介しておきたい。必要なのは

　　　多項式の微分と積分，

それに（さきほども使ってしまったが）変数 $n$ のある多項式を $W_4(n)$ のような記号で表す，関数記法である——これらに慣れておられない方は，ここはそっくり飛ばして次の節（238ページ）に進むか，あるいはピカソの絵でも眺める気分で，気楽に読み流していただけるとありがたい。

まず，1から $n$ までの $k$ 乗の和を

$$W_k(n) = 1^k + 2^k + 3^k + \cdots + n^k$$

とおいてみよう。たとえば $k=1$ なら,

$$W_1(n) = 1+2+3+\cdots+n = \frac{1}{2}n(n+1)$$

であった。最後の式で $n=0$ とおくと

$$W_1(0) = \frac{1}{2}\times 0\times (0+1) = 0$$

であるから, ほかの $k$ についても「$n$ が $0$ のときは $0$」と解釈することにしておこう:

(1)　$W_k(0) = 0$

またこの関数 $W_k(n)$ は, 次の条件を満たすはずである。

(2)　$W_k(n) - W_k(n-1) = n^k$

実際,

$$\begin{aligned}W_k(n) - W_k(n-1) &= 1^k + 2^k + 3^k + \cdots + (n-1)^k + n^k \\ &\quad - 1^k - 2^k - 3^k - \cdots - (n-1)^k \\ &= n^k\end{aligned}$$

第8章 自然数の和と母関数

だから,(2)は当然である。

ところで式(2)は

$$W_k(n) = W_k(n-1) + n^k$$

と書き換えられる。だから式(1),(2)の条件を満たす関数$W_k(n)$は,

$$W_k(1) = W_k(0) + 1^k = 0 + 1^k = 1^k,$$
$$W_k(2) = W_k(1) + 2^k = 1^k + 2^k,$$
$$W_k(3) = W_k(2) + 3^k = 1^k + 2^k + 3^k$$
$$\cdots\cdots$$

となり,必ず「$k$乗和の公式」になる。

ここで式(2)の両辺を,$n$について微分してみよう($n$は自然数を表す変数であるが,多項式だから実数値を代入することもでき,微分できる)。すると次の等式が導かれる——ダッシュ($'$)は$n$についての微分を表す:

$$W_k'(n) - W_k'(n-1) = k \cdot n^{k-1} \qquad \cdots (\#)$$

そこで

$$F(n) = \frac{1}{k}(W_k'(n) - W_k'(0))$$

とおいてみよう(ここで$W_k'(0)$は,$W_k(n)$を微分した式$W_k'(n)$の変数$n$に,0を代入した結果を表す——「多項式$W_k'(n)$の定数項」といってもよい)。すると

(1)  $F(0) = \dfrac{1}{k}(W_k'(0) - W_k'(0)) = 0$

(2) $F(n) - F(n-1)$

$$= \frac{1}{k}(W_k{}'(n) - W_k{}'(0)) - \frac{1}{k}(W_k{}'(n-1) - W_k{}'(0))$$

$$= \frac{1}{k}(W_k{}'(n) - W_k{}'(0) - W_k{}'(n-1) + W_k{}'(0))$$

$$= \frac{1}{k}(W_k{}'(n) - W_k{}'(n-1)) = \frac{1}{k}(k \times n^{k-1}) \quad \cdots (\#)$$

$$= n^{k-1}$$

このように,$F(n)$ は

「$(k-1)$ 乗和の公式の条件 (1),(2)」

を満たしている。だからこれは $W_{k-1}(n)$ に等しいので,

$$F(n) = W_{k-1}(n),$$

いいかえれば

$k$ 乗和の公式 $W_k(n)$ を微分して,定数項を引いて,$k$ で割ると,$(k-1)$ 乗和の公式 $W_{k-1}(n)$ になる

というわけである:

$$W_k(n) \to (微分して,定数を引いて,k で割る) \to W_{k-1}(n)$$

〈例〉 $W_2(n) = \dfrac{1}{6} n(n+1)(2n+1)$

$$= \frac{1}{6}(2n^3 + 3n^2 + n)$$

$$= \frac{1}{3} n^3 + \frac{1}{2} n^2 + \frac{1}{6} n$$

第8章　自然数の和と母関数

を微分すると

$$W_2{}'(n) = \frac{1}{3} \cdot 3n^2 + \frac{1}{2} \cdot 2n + \frac{1}{6}$$

$$= n^2 + n + \frac{1}{6}$$

ここから定数項を引いて2で割ると，

$$\frac{1}{2} n^2 + \frac{1}{2} n$$

で，確かに$W_1(n)$と一致する。

それなら逆に，$(k-1)$乗和の公式$W_{k-1}(n)$から，$k$乗和の公式$W_k(n)$が導けるはずである。

$$W_{k-1}(n) \to (k\text{倍して，定数を加えて，積分する}) \to W_k(n)$$

〈例〉　$k=1$の場合は，

$$W_1(n) = 1 + 2 + 3 + \cdots + n$$
$$= \frac{1}{2} n(n+1) = \frac{1}{2} n^2 + \frac{1}{2} n$$

そこでこれを2倍して定数$C$（この段階では未知）を加えると

$$n^2 + n + C$$

となり，これを積分すると$W_2(n)$が得られるはずである。その結果は：

$$W_2(n) = \frac{1}{3} n^3 + \frac{1}{2} n^2 + Cn$$

定数$C$は，

$$W_2(1) = 1$$

となるように定めればよい：

$$W_2(1) = \frac{1}{3} + \frac{1}{2} + C = 1$$

から，

$$C = 1 - \frac{1}{3} - \frac{1}{2} = \frac{6-2-3}{6} = \frac{1}{6}$$

これで自然数の平方の和の公式

$$W_2(n) = \frac{1}{3} n^3 + \frac{1}{2} n^2 + \frac{1}{6} n$$

$$= \frac{1}{6} n (2n^2 + 3n + 1)$$

$$= \frac{1}{6} n(n+1)(2n+1)$$

が導かれた。

**補足** 積分記号を使えば，この手順を次のように書ける：

$$W_k(n) = k \int W_{k-1}(n) \, dn + Cn$$

ものはついでに，3乗和の公式

$$W_3(n) = \frac{1}{4} n^2 (n+1)^2$$

$$= \frac{1}{4} n^4 + \frac{1}{2} n^3 + \frac{1}{4} n^2$$

から，4乗和の公式を導いてみよう．

① 4倍し，　　　　　$\cdots n^4+2n^3+n^2$

② 定数項を加え，　$\cdots n^4+2n^3+n^2+C$

③ 積分すればよい：

$$W_4(n) = \frac{1}{5}n^5 + \frac{1}{2}n^4 + \frac{1}{3}n^3 + Cn$$

定数 $C$ は，

$$W_4(1) = 1$$

となるように定めると，

$$\frac{1}{5} + \frac{1}{2} + \frac{1}{3} + C = 1$$

から

$$C = 1 - \frac{1}{5} - \frac{1}{2} - \frac{1}{3}$$

$$= \frac{30-6-15-10}{30} = -\frac{1}{30}$$

こうして再び，

$$W_4(n) = \frac{1}{5}n^5 + \frac{1}{2}n^4 + \frac{1}{3}n^3 - \frac{1}{30}n$$

が導かれた！

前節の「代数的計算」に比べて，何と手軽なことだろうか．これは「当たれば一発」という解析学のパンチ力の，いい例であるように思う．

## 8.4 自然数の和と母関数

### ◆まとめて数える,母関数

「わからないものに名前をつける」——文字で未知数を表して,条件式(方程式)を書くのは,古代人の知恵であるが,計算式の書き方などをわかりやすく整理するのに,1000年以上かかった。今はこの高等技術を中学校で学ぶのだから,教育の進歩はすごいものである。

未知数が $a, b, c, \cdots$ とたくさんあるとき,そこから未知の関数

$$y = a + bx + cx^2 + \cdots$$

を組み立て,そこから $a, b, c, \cdots$ の性質を調べよう,という試みは,18世紀に始まった。この関数 $y$ は,数(列)$a, b, c, \cdots$ を生み出す「**母関数**」(generating function)と呼ばれるが,うまい名前である。これは「当たれば破壊力抜群」のテクニックで,いろいろな公式を「まとめて導き出す」力を秘めている。まずはフィボナッチ数あたりから,その威力を観察してみたい。

**注意** ここでは,2次方程式の①解の公式と②解と係数の関係を使うので,高校で習わなかった方,忘れてしまった方は気楽に読み流していただきたい。

フィボナッチ数列($F_0 = 0$ から始める)

  0, 1, 1, 2, 3, 5, 8, 13, $\cdots$

に対して,その母関数

$$y = 0 + 1 \cdot x + 1 \cdot x^2 + 2 \cdot x^3 + 3 \cdot x^4 + 5 \cdot x^5 + 8 \cdot x^6 + \cdots$$

を定義してみよう。記号 $F_n$ を使って書けば,

$$y = F_0 + F_1 x + F_2 x^2 + F_3 x^3 + F_4 x^4 + \cdots \qquad \cdots (1)$$

ということである。それが何なの,といわれそうであるが,次のような計算ができる。

$$xy = \quad F_0 x + F_1 x^2 + F_2 x^3 + F_3 x^4 + F_4 x^5 + \cdots \qquad \cdots (2)$$

(1)から(2)を辺ごとに引くと,左辺は

$$y - xy = (1 - x)y$$

であるが,右辺は次のようになる:

$$F_0 + (F_1 - F_0)x + (F_2 - F_1)x^2 + (F_3 - F_2)x^3 + \cdots$$

$F_0 = 0, (F_1 - F_0) = 1 - 0 = 1$ であるが,

$$(F_2 - F_1) = F_0, (F_3 - F_2) = F_1, \cdots$$

に注意すると,結局

$$\begin{aligned}
\text{右辺} &= x + F_0 x^2 + F_1 x^3 + F_2 x^4 + \cdots \\
&= x + x^2 (F_0 + F_1 x + F_2 x^2 + \cdots) \\
&= x + x^2 \cdot y
\end{aligned}$$

こうして
$$(1-x)y = x + x^2 \cdot y$$
が得られた。そこで右辺の $x^2 \cdot y$ を左辺に移項すれば
$$(1-x-x^2)y = x$$
したがって
$$y = \frac{x}{1-x-x^2} \qquad \cdots (3)$$
が導かれた。

ここで，もし右辺の分数の分母が1次式ならば，
$$\frac{1}{1-x} = 1 + x + x^2 + x^3 + \cdots$$
という等比級数の公式が利用できそうである。それなら(3)の右辺を，何とかこの形に分解してしまえばよい。それが「部分分数への分解」と呼ばれる技法で，この場合は次のような変形が可能である。
$$\frac{x}{1-x-x^2} = \frac{1}{\alpha - \beta}\left(\frac{1}{1-\alpha x} - \frac{1}{1-\beta x}\right)$$

実際，
$$\begin{aligned}
右辺 &= \frac{1}{\alpha - \beta}\left(\frac{1}{1-\alpha x} - \frac{1}{1-\beta x}\right) \\
&= \frac{1}{\alpha - \beta} \times \frac{(1-\beta x) - (1-\alpha x)}{(1-\alpha x)(1-\beta x)} \\
&= \frac{1}{\alpha - \beta} \times \frac{-\beta x + \alpha x}{(1-\alpha x)(1-\beta x)}
\end{aligned}$$

$$= \frac{1}{\alpha - \beta} \times \frac{(\alpha - \beta)x}{1-(\alpha + \beta)x + \alpha \beta x^2}$$

$$= \frac{x}{1-(\alpha + \beta)x + \alpha \beta x^2}$$

であるから，これが左辺と等しくなるためには，

$$(\alpha + \beta) = 1, \quad \alpha \beta = -1 \qquad \cdots(4)$$

であればよい。

$\alpha$ と $\beta$ は，この式(4)から決まる——「解と係数の関係」によれば，これらは2次方程式

$$t^2 - t - 1 = 0 \qquad \cdots(5)$$

の解である。あとは公式

$$\frac{1}{1-x} = 1 + x + x^2 + x^3 + \cdots$$

の $x$ に $\alpha x$ や $\beta x$ を代入すれば，$y$ をきれいに展開できる：

$$y = \frac{x}{1-x-x^2} = \frac{1}{\alpha - \beta}\left(\frac{1}{1-\alpha x} - \frac{1}{1-\beta x}\right)$$

$$= \frac{1}{\alpha - \beta}[(1+\alpha x + \alpha^2 x^2 + \alpha^3 x^3 + \cdots) - (1+\beta x + \beta^2 x^2 + \beta^3 x^3 + \cdots)]$$

$$= \frac{1}{\alpha - \beta}[0 + (\alpha - \beta)x + (\alpha^2 - \beta^2)x^2 + (\alpha^3 - \beta^3)x^3 + \cdots]$$

$$= \frac{\alpha - \beta}{\alpha - \beta}x + \frac{\alpha^2 - \beta^2}{\alpha - \beta}x^2 + \frac{\alpha^3 - \beta^3}{\alpha - \beta}x^3 + \cdots$$

$x^n$ の係数はフィボナッチ数 $F_n$ なのだから，次の等式が成り立つ：

$$F_n = \frac{\alpha^n - \beta^n}{\alpha - \beta}$$

ところで(5)の解は，解の公式から

$$\alpha = \frac{1+\sqrt{5}}{2}, \quad \beta = \frac{1-\sqrt{5}}{2}$$

したがって

$$\frac{1}{\alpha - \beta} = \frac{1}{\sqrt{5}}$$

なので，再びビネの公式が導かれた！

$$F_n = \frac{1}{\sqrt{5}} \left[ \left( \frac{1+\sqrt{5}}{2} \right)^n - \left( \frac{1-\sqrt{5}}{2} \right)^n \right]$$


◆**無限和の積の計算**

母関数の理論は強力であるが，それなりの予備知識がいる。ここでは準備運動として，無限和の変形技術を学んでおこう。

2つの無限和

$$Y = a_0 + a_1 x + a_2 x^2 + a_3 x^3 + a_4 x^4 + \cdots,$$
$$Z = b_0 + b_1 x + b_2 x^2 + b_3 x^3 + b_4 x^4 + \cdots$$

を考えてみよう。これらの和 $Y+Z$ は，「項ごとの和」を求めて，次のように表される，と考えてよい。

$$Y + Z = (a_0 + b_0) + (a_1 + b_1)x + (a_2 + b_2)x^2 + (a_3 + b_3)x^3 + \cdots$$

むずかしいのはこれらの積 $YZ$ であるが，多項式の積をしっかり計算してみると，ヒントが見えてくる：

第8章　自然数の和と母関数

〈例1〉

$$(a_0 + a_1 x) \times (b_0 + b_1 x)$$
$$= (a_0 + a_1 x) \times b_0 + (a_0 + a_1 x) \times b_1 x$$
$$= a_0 b_0 + a_1 b_0 x + a_0 b_1 x + a_1 b_1 x^2$$

〈例2〉

$$(a_0 + a_1 x + a_2 x^2) \times (b_0 + b_1 x + b_2 x^2)$$
$$= (a_0 + a_1 x + a_2 x^2) \times b_0$$
$$+ (a_0 + a_1 x + a_2 x^2) \times b_1 x$$
$$+ (a_0 + a_1 x + a_2 x^2) \times b_2 x^2$$
$$= (a_0 \times b_0) + (a_1 \times b_0) x + (a_2 \times b_0) x^2$$
$$+ (a_0 \times b_1) x + (a_1 \times b_1) x^2 + (a_2 \times b_1) x^3$$
$$+ (a_0 \times b_2) x^2 + (a_1 \times b_2) x^3 + (a_2 \times b_2) x^4$$
$$= (a_0 \times b_0)$$
$$+ (a_0 \times b_1 + a_1 \times b_0) x$$
$$+ (a_0 \times b_2 + a_1 \times b_1 + a_2 \times b_0) x^2$$
$$+ (a_1 \times b_2 + a_2 \times b_1) x^3$$
$$+ (a_2 \times b_2) x^4$$

ここからわかるとおり，

0)　定数項は，$(a_0 \times b_0)$ しかない。

1)　積の1次の項の係数は，$Y, Z$ の2次以上の項は関係ないので，

$$(a_0 + a_1 x) \times (b_0 + b_1 x)$$

の1次の項

$(a_0 \times b_1 + a_1 \times b_0)$

と一致する。

$k)$ 積の $k$ 次の項の係数は，$Y$, $Z$ の $(k+1)$ 次以上の項は関係ないので，

$k=2$ なら $(a_0 \times b_2 + a_1 \times b_1 + a_2 \times b_0)$,

$k=3$ なら（上の例には含まれていないが）

$$(a_0 \times b_3 + a_1 \times b_2 + a_2 \times b_1 + a_3 \times b_0)$$

のように，

($Y$ の□乗の項の係数 $a_\square$)

$\times$ ($Z$ の $(k-\square)$ 乗の項の係数 $b_{k-\square}$)

の和になる。

だから $YZ$ は，次のような無限和で表される。

$$\begin{aligned} YZ = &(a_0 \cdot b_0) + (a_0 \cdot b_1 + a_1 \cdot b_0)x \\ &+ (a_0 \cdot b_2 + a_1 \cdot b_1 + a_2 \cdot b_0)x^2 \\ &+ (a_0 \cdot b_3 + a_1 \cdot b_2 + a_2 \cdot b_1 + a_3 \cdot b_0)x^3 \\ &+ \cdots \\ &+ (a_0 \cdot b_k + a_1 \cdot b_{k-1} + a_2 \cdot b_{k-2} + \cdots + a_k \cdot b_0)x^k \\ &+ \cdots \end{aligned}$$

### ◆自然数の $k$ 乗和と母関数

前に扱った $W_k(n)$ （231ページ）について，次のような母関数 $W(x, n)$ を考えると，すべての次数の和の公式 $W_k(n)$ を統一的に扱うことができる：

$$W(x, n) = 1 + W_0(n-1) + \frac{W_1(n-1)}{1!}x$$

$$+ \frac{W_2(n-1)}{2!}x^2 + \frac{W_3(n-1)}{3!}x^3 + \cdots$$

最初に定数1が加えられていたり，$W_k(n)$でなく$W_k(n-1)$を使ったりしているのは，あとの計算をラクにするためなので，今は深く追求せずに見逃していただきたい。

なおこの節では，次の公式(A)，(B)，(C)を利用する。

(A) 定数 $e = 2.7182818\cdots$ を底とする指数関数 $e^x$ は，次のような無限和で表される：

$$e^x = 1 + \frac{1}{1!}x + \frac{1}{2!}x^2 + \frac{1}{3!}x^3 + \cdots$$

(B) 関数 $F(x) = \dfrac{x}{e^x - 1}$は，$F(0) = 1$と定めると，次のような無限和で表される：

$$F(x) = B_0 + \frac{B_1}{1!}x + \frac{B_2}{2!}x^2 + \frac{B_3}{3!}x^3 + \cdots$$

ただし $B_k$ は「**関・ベルヌーイ数**」と呼ばれる定数で，

$$B_0 = 1, \ B_1 = -\frac{1}{2}, \ B_2 = \frac{1}{6}, \ B_3 = 0, \ B_4 = -\frac{1}{30}, \ \cdots$$

である。

(C) 有限等比級数の公式から，次の公式が導かれる：

$$1 + e^x + e^{2x} + \cdots + e^{(n-1)x} = \frac{e^{nx} - 1}{e^x - 1}$$

**補足** 「ベルヌーイ」はスイスの数学者ヤコブ・ベルヌーイ(1654-1705)にちなむ。ベルヌーイ一族はオランダ出身なので、ドイツ語風に「ベルヌーリ」と読むのが正しい、という説もあるが、ここでは日本での一般的な習慣に従って、フランス語風に「ベルヌーイ」にしておいた。なおヤコブ・ベルヌーイの結果が発表されたのは1713年のことであるが、それより早く出版された関孝和の遺稿集『括要算法』(1712)に、同じ結果が含まれている。だから「関の魔法の数」と呼んでもいいのであるが、世間では「ベルヌーイ数」で通っているので、ここでは関・ベルヌーイ数にしておいた。

さて、前ページの母関数 $W(x, n)$ に戻って、$W_k(n-1)\,x^k$ を
$$[1^k + 2^k + 3^k + \cdots + (n-1)^k]\,x^k$$
$$= 1^k x^k + 2^k x^k + 3^k x^k + \cdots + (n-1)^k x^k$$
におきかえて、式変形を行ってみよう：

$$W(x, n)$$
$$= 1 + W_0(n-1) + \frac{W_1(n-1)}{1!}x + \frac{W_2(n-1)}{2!}x^2 + \frac{W_3(n-1)}{3!}x^3 + \cdots$$
$$= 1$$
$$+ \;1\; + \;\frac{1}{1!}x\; + \;\frac{1^2}{2!}x^2\; + \;\frac{1^3}{3!}x^3\; + \cdots$$
$$+ \;1\; + \;\frac{2}{1!}x\; + \;\frac{2^2}{2!}x^2\; + \;\frac{2^3}{3!}x^3\; + \cdots$$

第8章 自然数の和と母関数

…

$$+ \quad 1 \quad + \frac{(n-1)}{1!}x + \frac{(n-1)^2}{2!}x^2 + \frac{(n-1)^3}{3!}x^3 + \cdots$$

すると最初の1は別として，そのあとのどの行も，公式（A）から

$$e^x, \ e^{2x}, \ e^{3x}, \ \cdots, e^{(n-1)x}$$

に等しいことがわかる。最初の1とあわせて，それらの総和

$$1 + e^x + e^{2x} + e^{3x} + \cdots + e^{(n-1)x}$$

は公式(C)から $\dfrac{e^{nx}-1}{e^x-1}$ に等しく，それはまた

$$\frac{e^{nx}-1}{e^x-1} = \frac{x}{e^x-1} \times \frac{e^{nx}-1}{x}$$

と表される。そこで公式(B)と再度(A)を使うと，次のような等式が得られる。

$$W(x, n)$$
$$= \frac{x}{e^x-1} \times \frac{e^{nx}-1}{x}$$
$$= \left(B_0 + \frac{B_1}{1!}x + \frac{B_2}{2!}x^2 + \cdots\right)$$
$$\times \frac{1 + \dfrac{1}{1!}nx + \dfrac{1}{2!}(nx)^2 + \dfrac{1}{3!}(nx)^3 + \cdots - 1}{x}$$

（分子の先頭の1は最後の−1と打ち消しあって消える）

$$= (B_0 + \frac{B_1}{1!} x + \frac{B_2}{2!} x^2 + \cdots) \times (\frac{1}{1!} n + \frac{1}{2!} n^2 x + \frac{1}{3!} n^3 x^2 + \cdots)$$

$$= B_0 \frac{1}{1!} n + (B_0 \frac{1}{2!} n^2 + \frac{B_1}{1!} \frac{1}{1!} n)x + (B_0 \frac{1}{3!} n^3 + \frac{B_1}{1!} \frac{1}{2!} n^2 + \frac{B_2}{2!} \frac{1}{1!} n)x^2 + \cdots$$

$$= \frac{B_0}{1!} n + \left(\frac{B_0}{2!} n^2 + \frac{B_1}{1! \times 1!} n\right)x + \left(\frac{B_0}{3!} n^3 + \frac{B_1}{1! \times 2!} n^2 + \frac{B_2}{2! \times 1!} n\right)x^2 + \cdots$$

最後の行では,さきほど練習した「無限和の積」を利用した。この結果の $x^k$ の係数

$$\frac{B_0}{(k+1)!} n^{k+1} + \frac{B_1}{1! \times k!} n^k + \frac{B_2}{2!(k-1)!} n^{k-1} + \cdots + \frac{B_k}{k! \times 1!} n$$

は,もとの母関数の $x^k$ の係数

$$\frac{1}{k!} W_k(n-1)$$

に一致するはずなので,すべての次数 $k$ について,和の公式を一般的・統一的に表す,次の公式が得られる。

$$W_k(n-1)$$

$$= k! \times \left(\frac{B_0}{(k+1)!} n^{k+1} + \frac{B_1}{1! \times k!} n^k + \frac{B_2}{2! \times (k-1)!} n^{k-1} + \cdots + \frac{B_k}{k! \times 1!} n\right)$$

$$= \frac{B_0}{k+1} n^{k+1} + \frac{B_1}{1} n^k + \frac{k!}{2! \times (k-1)!} B_2 n^{k-1} + \cdots + \frac{k!}{k! \times 1!} B_k n$$

$$= \frac{1}{k+1} B_0 n^{k+1} + \frac{k+1}{k+1} B_1 n^k + \frac{1}{k+1} \frac{(k+1)!}{2! \times (k-1)!} B_2 n^{k-1} + \cdots$$

$$\cdots + \frac{1}{k+1} \frac{(k+1)!}{k! \times 1!} B_k n$$

## 第8章 自然数の和と母関数

$$= \frac{{}_{k+1}C_0}{k+1}B_0 n^{k+1} + \frac{{}_{k+1}C_1}{k+1}B_1 n^k + \frac{{}_{k+1}C_2}{k+1}B_2 n^{k-1} + \cdots + \frac{{}_{k+1}C_k}{k+1}B_k n$$

なお $B_0 = 1$, ${}_{k+1}C_0 = 1$, $B_1 = -\dfrac{1}{2}$, ${}_{k+1}C_1 = k+1$ であるから,右辺の最初の2項は次のように書ける。

$$\frac{1}{k+1} n^{k+1} - \frac{1}{2} n^k$$

また

$$W_k(n) = W_k(n-1) + n^k$$

であるから(233ページ),$W_k(n)$ についても

**第2項の $-\dfrac{1}{2}$ を $+\dfrac{1}{2}$ に変えただけ**

の,ほとんど同じ公式が成り立つ:

$$W_k(n) = W_k(n-1) + n^k$$

$$= \left( \frac{1}{k+1} n^{k+1} - \frac{1}{2} n^k + \cdots \right) + n^k$$

$$= \frac{1}{k+1} n^{k+1} + \frac{1}{2} n^k + \frac{{}_{k+1}C_2}{k+1} B_2 n^{k-1} + \cdots + \frac{{}_{k+1}C_k}{k+1} B_k n$$

個別に導くのもできたが,母関数の理論を使えば

**すべての公式が,統一的な形でまとめて出てきてしまう**

のである。これこそ「ほんものの数学」のおもしろいところである!

**参考** 関・ベルヌーイ数 $B_k$ の値をいくつか示しておく。

| $k$ | 0 | 1 | 2 | 3 | 4 | 5 | 6 | 7 | 8 | 9 | 10 |
|---|---|---|---|---|---|---|---|---|---|---|---|
| $B_k$ | 1 | $-\dfrac{1}{2}$ | $\dfrac{1}{6}$ | 0 | $-\dfrac{1}{30}$ | 0 | $\dfrac{1}{42}$ | 0 | $-\dfrac{1}{30}$ | 0 | $\dfrac{5}{66}$ |

$B_3 = B_5 = B_7 = B_9 = 0$ は偶然ではなく,$B_1 = -\dfrac{1}{2}$ を除いて $B_k$ の奇数番目はすべて 0 になる。

**おまけ** $B_3 = B_5 = \cdots = 0$ の証明

$$F(x) = \frac{x}{e^x - 1} = B_0 + B_1 x + \frac{B_2}{2!} x^2 + \frac{B_3}{3!} x^3 + \cdots$$

から

$$F(-x) = B_0 + B_1(-x) + \frac{B_2}{2!}(-x)^2 + \frac{B_3}{3!}(-x)^3 + \cdots$$

$$= B_0 - B_1 x + \frac{B_2}{2!} x^2 - \frac{B_3}{3!} x^3 + \cdots$$

を引くと,偶数番目の項はすべて消えて

$$F(x) - F(-x) = 2B_1 x + 2\frac{B_3}{3!} x^3 + 2\frac{B_5}{5!} x^5 + \cdots$$

となる。一方,

$$F(x) - F(-x) = \frac{x}{e^x - 1} - \frac{(-x)}{e^{-x} - 1} = \frac{x}{e^x - 1} + \frac{x}{e^{-x} - 1}$$

$$= \frac{x}{e^x - 1} + \frac{xe^x}{(e^{-x} - 1)e^x} = \frac{x}{e^x - 1} + \frac{xe^x}{1 - e^x}$$

$$=\frac{x-xe^x}{e^x-1}=\frac{x(1-e^x)}{e^x-1}=-x$$

のように，$F(x)-F(-x)$ の中では $x^3$ や $x^5$ などはみな消えてしまって，$-x$ しか残らない。だから当然，

$2B_1 = -1$,

$2B_3 = 2B_5 = 2B_7 = \cdots = 0$

が成り立つ。これは直接計算でも確かめられるが，母関数を調べればこんなふうにすぐ出てしまう。

# 第9章　Nクイーン問題と群論

9.1　Nクイーン問題とは

◆パズル「8クイーン」

　西洋の将棋（チェス）では，クイーンという強力な駒があって，日本の将棋の飛車と角を合わせた動きができる——タテ・ヨコ・ナナメに，どこまでも行けるのである。その「動ける範囲」を「利き筋」という。そこで次のようなパズルが生まれた。

問題9-1　8行8列のチェスの盤に，クイーンを，お互いに利き筋に入らないように，8個置けるか？

　まずは問題に誤解のないように，3行3列の盤で，次のような駒を並べてみよう。
（ア）将棋の飛車（□）　…　タテ・ヨコにどこまでも行ける，
（イ）将棋の角（◇）　…　ナナメにどこまでも行ける，
（ウ）チェスのクイーン（○）　…　タテ・ヨコ・ナナメにどこまでも行ける

　これらの駒を，「お互いに利き筋に入らない」ように並べた

例を，図9-1に示す。

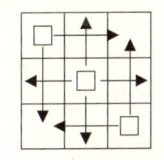

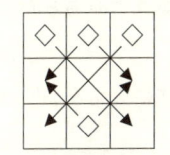

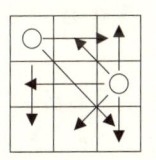

(ア) 3枚の飛車(□)　　(イ) 4枚の角(◇)　　(ウ) 2個のクイーン(○)

図9-1　利き筋を避けた置き方

飛車だと3枚,角だと4枚置けるが,クイーンだと2個で「満杯」で，3個目はどこに置いても他のクイーンの利き筋に入ってしまう。2行2列の盤では，クイーンは1個で満杯になる！

◆Nクイーン問題

クイーンの配置に戻って，盤面の大きさを一般化した，次の問題を考えてみよう。

問題 9-2　Nクイーン問題：$N$行$N$列の盤で，クイーンをお

互いに利き筋に入らないように，$N$ 個置けるか？　**置けるとすれば，何通りの置き方があるか？**

条件「お互いに利き筋に入らない」とは，次のように言い換えることができる。
(1) 同じ列・同じ行に，2つとない（1つしかない），
(2) 対角線と平行な同じナナメ線上に，2つとない（高々1つしかない）。

条件(1)から，「$N$ 行 $N$ 列の盤では，$N$ 個より多くは置けない」ことがわかる。また $N$ が3や2では $N$ 個置けないので，これからは $N$ が4以上の場合を考えることにする。

これらの条件を満たすクイーンの配置（置き方）を「解」と呼ぶことにすると，最初は解を1つ見つけるのもたいへんである。すべての解を構成するエレガントな理論はないので，こういうパズルが大好きな人かコンピュータが使える人でなければ，8行8列（$N=8$）ではむずかしすぎる。まず，6行6列ぐらいで探してみるとよいであろう。それでもそうやさしくはないが，いろいろやっているうちに，たとえば次のような解が見つかるはずである（図9-2）。

第9章 Nクイーン問題と群論

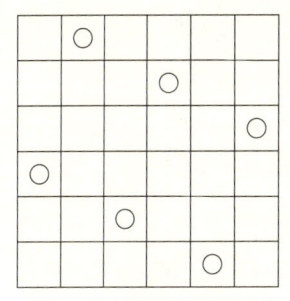

図9-2 6行6列の解の例

　1つ解が見つかると,「回転」や「裏返し」によって,すぐに違った解が作れる。たとえば図9-2を時計回りに90°回転したのが図9-3で,これも解になっている。図9-2を中央のタテ線を軸に,左右を裏返したのが図9-4であるが,これも上の条件を満たす「解」になっている——よく図を眺めてみれば,「利き筋にないクイーンは,裏返しても回転しても,やはり利き筋にない」ことがわかるであろう。

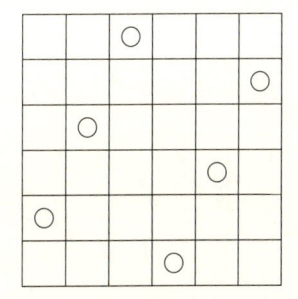

図9-3　図9-2を90°回転させる　　図9-4　図9-2を裏返す

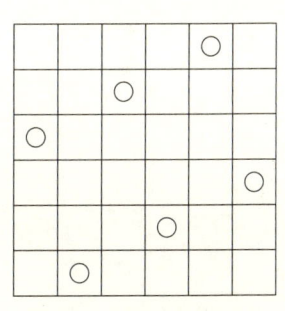

参考までに、いくつかの解を紹介しておこう（図9-5, 9-6, 9-7）。

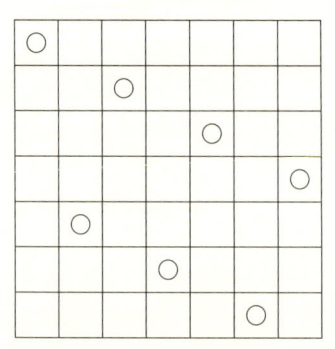

図9-5　$N=7$の場合

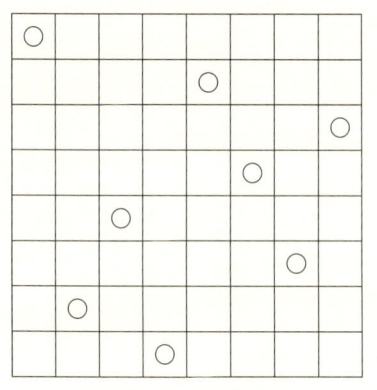

図9-6　$N=8$の場合

第9章 Nクイーン問題と群論

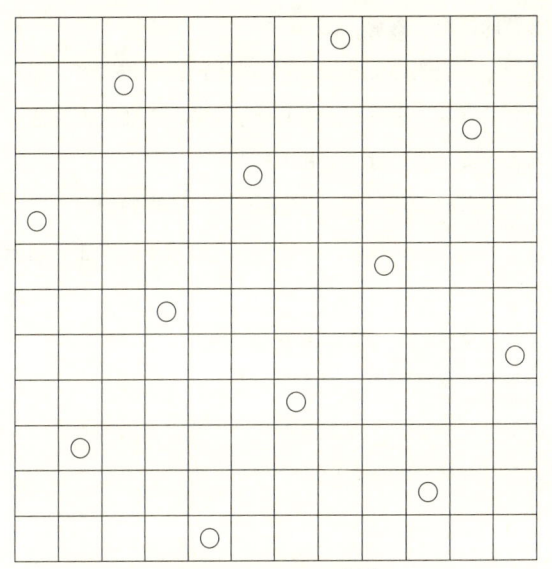

図9-7 N＝12の場合

　どれも回転や裏返しによって，新しい解を作り出すことができる。ただし $N=12$ の解だけは90°回転対称なので，回転では変わらず，新しい解にはならない——裏返しでなら，新しい解が作れる。

　なお $N=8$ になると解は92個あるので，そのすべてを手で探しつくすことは，マニア向けの問題になる。しかし $N=5$ の場合は解は10個，$N=6$ の場合は解は4個なので，手作業ですべてを見つけ出すことも，そうむずかしくない。パズルがお好きな方は，やってみてください！

◆「本質的に異なる解」について

さきほどの説明のように,1つの解から「回転」や「裏返し」,またその組合せによって,新しい解を作れることがある。しかしそのような「解」は,最初の解と

　　　「本質的には同じ」(同値・同等・同じ種類)

とも見られる。それなら,本質的に異なる解,つまり回転や裏返しなどで

　　　「移り変わることができない解」

は,いったい何種類あるだろうか？

$N$ が小さい場合で,考えてみよう。4行4列の場合は,解は次の2つしかない(図9-8)。

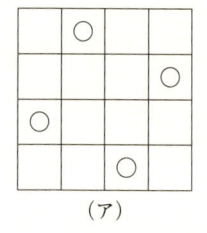

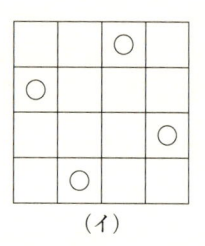

　　(ア)　　　　　　　(イ)

図9-8　$N=4$の場合の解

これらは「裏返し」で移れるから,同じ種類(同値)である。そこで次のことがいえる。

---
**事実9-1**

$N=4$ の場合は,解は2つで,「回転や裏返しで移れる解」をまとめると1種類しかない。

---

ところで図9-8の解は,どちらも「90°回転で変わらない」という,みごとな対称性をもっている。あとの話と関係するので,1つの解が,回転・裏返しとか,それらを組合せた,ある「操作」$T$で**変わらない**ための条件を,一般的な言葉で書いておこう:

　　どのクイーン○も,操作$T$で移動させると,

　　もともとある別のクイーン○に重なる。

図9-8の解(ア)で確かめてみると,どの○も

　　90°回転すると,もともとある別の○に重なる

ことがわかる。解(イ)も同様である。

ついでながら,90°回転して変わらない解は,「90°回転」を繰り返しても,つまり180°回転させても270°回転させても,変わらない。しかし,180°の回転では変わらないが,90°の回転では変わってしまう解がある。たとえばさきほど例示した図9-2の解(255ページ)は,180°回転では変わらないが,90°回転では変わってしまう。

では一般の場合は……というと,それがなかなかむずかしい。$N=8$になると92個の解が12種類に分けられるのであるが,その分類を実行するには,ちょっとした準備をしておくとよい。次節でその準備(群論入門)をやっておきたい。

## 9.2 解と変換群

### ◆問題の解の数学的表現

おおげさなようであるが、$N$クイーンの解の「種類」の問題をあざやかに解くために、問題の解を表（対応、関数）の言葉できっちり書き表してみよう。それは「コンピュータによる解の探索」にもすぐ役に立つので、ていねいに説明しておきたい。

まずはじめに「解」であるが、クイーンの各行での位置を、次のような表で表すことができる。

〈例〉 $N=5$ の場合

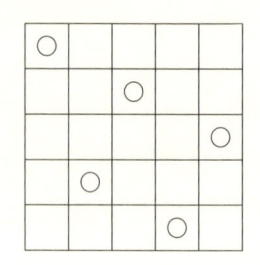

| 行番号 $x$ | 1 | 2 | 3 | 4 | 5 |
|---|---|---|---|---|---|
| その行での、クイーンの列番号 | 1 | 3 | 5 | 2 | 4 |

このように、

「第1行目では第1列、第2行目では第3列、…」

におくことを、表で表すのである。この表にHという名前をつけ、

「第3行は第5列」

であることを（関数記法を借りて）

$$H(3) = 5$$

のように書くのは，慣れるとなかなか便利なものである。

このような表では，「1つの行に，クイーンは1つしかない」という条件は自動的に満たされる。また「1つの列に，クイーンは1つしかない」という条件は，次のように言い換えられる：

（条件1） $H(1), H(2), \cdots,$ は，すべて異なる。

さらに，同じナナメ線上に，クイーンは1つしかないという条件は，次のように言い換えられる：

（条件2） $1+H(1), 2+H(2), 3+H(3), \cdots,$ はすべて異なる。

（条件3） $1-H(1), 2-H(2), 3-H(3), \cdots,$ はすべて異なる。

その理由は，以下の例を見ればわかるであろう。

〈例1〉 右の図で，

　　　1行目の4列目の○，

　　　2行目の3列目の*，

　　　3行目の2列目の*，

　　　4行目の1列目の○

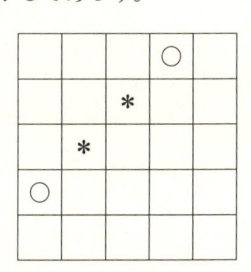

は，右上がりのナナメ線上に並んでいる。このように，「右上がりの同じナナメ線上のます目」は，

　　　行番号＋列番号

が一定である。だからもしこの例のように

$$1+H(1) = 1+4 = 4+1 = 4+H(4)$$

であれば，1行目のクイーンと4行目のクイーンとは，同じナ

ナメ線上にある。

〈例2〉右の図で,

  2行目の1列目の○,

  3行目の2列目の*,

  4行目の3列目の*,

  5行目の4列目の○

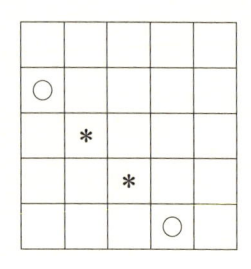

は,右下がりのナナメ線上に並んでいる。このように,「右下がりの同じナナメ線上のます目」は,

  行番号−列番号

が一定である。だからもしこの例のように

  $2 - H(2) = 2 - 1 = 5 - 4 = 5 - H(5)$

であれば,2行目のクイーンと5行目のクイーンとは,同じナナメ線上にある。

 条件1をみたす表Hは,行・列の数が5なら

  1から5までの,異なる数の列

であるから,

  $5! = 5 \times 4 \times 3 \times 2 \times 1 = 120$(通り)

ある。これらのうち,条件2,3をも満たす表が,5クイーン問題の解を表しているわけである(10通りある)。それらをコンピュータに探させるには,

  条件1を満たすすべての表の中で,

  条件2・3を満たすものを数え上げる

プログラムを書けばよい。ついでに「180°回転で変わらない解」や，「90°回転で変わらない解」も調べて報告させると，忠実なコンピュータは表9-1のような結果を教えてくれる。

| $N$ | 解の個数 | 180°回転で変わらない解の個数 | 90°回転で変わらない解の個数 |
| --- | --- | --- | --- |
| 4 | 2 | 2 | 2 |
| 5 | 10 | 2 | 2 |
| 6 | 4 | 4 | 0 |
| 7 | 40 | 8 | 0 |
| 8 | 92 | 4 | 0 |
| 9 | 352 | 16 | 0 |
| 10 | 724 | 12 | 0 |
| 11 | 2680 | 48 | 0 |
| 12 | 14200 | 80 | 8 |
| 13 | 73712 | 136 | 8 |
| 14 | 365596 | 420 | 0 |
| 15 | 2279184 | 1240 | 0 |
| 16 | 14772512 | 3000 | 64 |

表9-1 $N$クイーン問題の解の個数

これを見ると，解の総数は$N$が大きくなるにつれて急速に増えるが，回転で変わらない解，特に「90°回転で変わらない解」は，きわめて少ないことがわかる。

**注意** なお理由は後で説明するが,「裏返し」や「裏返し＋回転」で変わらない解は,存在しない。

### ◆回転と裏返し――解の「変換」

90°回転と裏返しの組合せで,どんな解が導かれるかを少し詳しく調べてみよう。例として,$N=5$の場合の次の解について観察してみる。

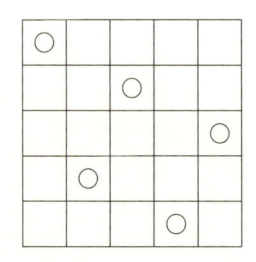

この解から,時計回りの回転によって次の解が導かれる：

0) 90°回転0回：これは「動かさない」ということで,もとの解そのままである。

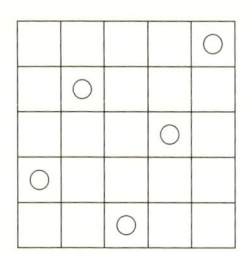

1) 90°回転1回：　　　　2) 90°回転2回（180°の回転）：

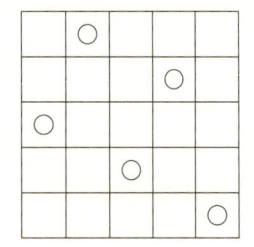

### 第9章 Nクイーン問題と群論

3) 90°回転3回（270°の回転）：

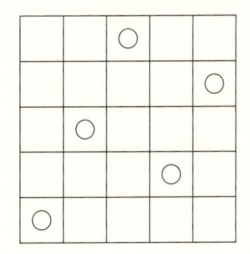

回転で新しい解が導かれるのはここまでで，もう1回90°回転を施すと「360°の回転」になるので，元に戻ってしまう。

では裏返しはどうだろうか。裏返しには，「どの軸で裏返すか」で，4通りのやり方がある。

1) 左右の裏返し：次図のタテ線を軸にして裏返す：

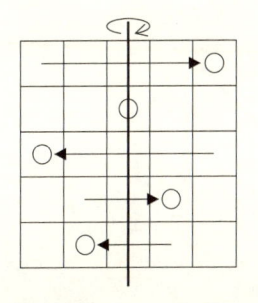

なお「裏返す軸」の上にあるクイーン○は，動かない。またどのクイーンも同じ行の中で動くので，たとえば「第3行第5列」のクイーンは「第3行第1列」に移動する。1つの行には1つのクイーンしかないのだから，「移った先にもクイーンが

265

ある」ことはありえないので,「裏返しても変わらない解」は存在しない。

2) 上下の裏返し：次図のヨコ線を軸にして裏返す：

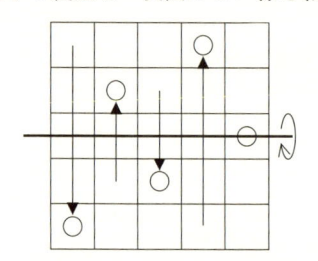

この図から,この場合も「裏返しても変わらない解」は存在しないことがわかる。

3) 図のナナメ線Aを軸にして裏返す：

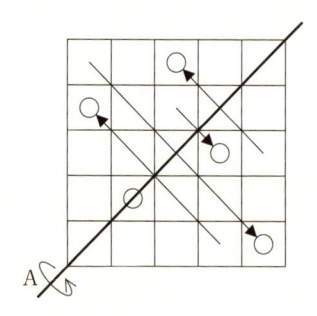

これも「対角線に平行なナナメ線」（クイーンの利き筋）にそって移動するので,「裏返しても変わらない解」は存在しない。

## 第9章 Nクイーン問題と群論

4) 図のナナメ線Bを軸にして裏返す：

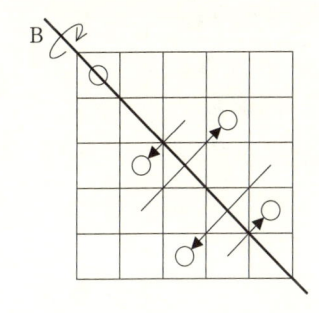

この場合も、「裏返しても変わらない解」は存在しない。

ではこれらをさらに回転させたら、どうなるだろうか？「おもしろい」というべきか「残念」というべきか、それで新しい解は出てこない。じつは2), 3), 4)で得られる解は、すべて1)からの回転で得られるのである。

表裏のある　性格ですの。

> 上下の裏返し＝左右の裏返し＋180°回転,
>
> ナナメ線Aでの裏返し＝左右の裏返し＋90°回転,
>
> ナナメ線Bでの裏返し＝左右の裏返し＋270°回転

だから，さらに回転を施しても，結局「左右の裏返しの回転」にしかならず，1)〜4)の範囲から出ることはない。

なおどの軸についての裏返しでも，「裏返して変わらない解」は存在しないのだから，次のこともいえる。

---| 事実9-2 |---

「裏返しプラス回転で変わらない解」は存在しない。

---

以上を解の「変換」という立場から整理してみると，次のようになる。まず基本的な変換を表す記号を決めておこう。

0)「何もしない」という変換 …$E$

くだらない変換であるが，あとの都合で，これも入れておく。

1) 時計回りの90°回転 …$T$

2)「タテの2等分線」を軸とする，左右の裏返し …$U$

すると すべての変換は，$T$と$U$の組合せで，次のように表すことができる。

(0) 何もしない…これは$E$と同じである（「$T$を0回実行する」と考えて，$T^0$と表すこともできる）。

(1) 時計回りの90°回転：これは$T$で表すのであった。

(2) 時計回りの180°回転：これは$T$を2回続けて行うことと同じで，$T^2$で表す。

(3) 時計回りの270°回転：これは$T$を3回続けて行うことと同じで、$T^3$で表す。

(4) 逆時計回りの90°回転：これは時計回りの270°回転と同じなので、$T^3$で表せる。

(5) 逆時計回りの180°回転：これは時計回りの180°回転と同じなので、$T^2$で表せる。

(6) 逆時計回りの270°回転：これは時計回りの90°回転と同じなので、$T$で表せる。

(7) 左右の裏返し：これは$U$で表すのであった。

(8) 左右の裏返しプラス回転：これは「左右の裏返し$U$」プラス「回転$T^k$」の組合せであるから、記号 $U \cdot T^k$で表す。

結局考えられる変換は8通りあって、

$E, T, T^2, T^3,$

$U, U \cdot T, U \cdot T^2, U \cdot T^3$

ここで記号「○・□」は、2つの変換○、□の「重ね合わせ」、ひらたくいえば「続けて行った結果」を表していて、たとえば

$T \cdot (U \cdot T)$

とは、

まず$T$を実行し、それから$(U \cdot T)$を実行する

という意味である。ところが$(U \cdot T)$とは

まず$U$を実行し、それから$T$を実行する

結果を表すのだから、結局$T \cdot (U \cdot T)$とは

まず$T$、それから$U$、$T$の順に操作を実行する

ことを表すので、

$$(T \cdot U) \cdot T$$
と同じことである：
$$T \cdot (U \cdot T) = (T \cdot U) \cdot T$$
これは

　　　変換の重ね合わせ（・）についての「**結合法則**」

と呼ばれ，$T$と$U$をどんな変換に置き換えても成り立つ。

これらの変換の集団（集合）に$G$という名前をつけて，
$$G = \{T^0(=E), T, T^2, T^3, U(=U \cdot T^0),$$
$$U \cdot T, U \cdot T^2, U \cdot T^3\}$$
のように書くこともある。するとこの集団$G$には，次のような特徴がある。

---

**‖ 事実9-3 ‖**

$G$の中の変換をどのように重ね合わせても，その結果は$G$の中の変換のどれかに一致する。

---

全部を確かめるのは大変であるが，$T$だけなら
$$T^j \cdot T^k = T^{j+k},$$
$$T^4 = T^0 = E,$$
$$T^1 = T$$
から簡単に確かめられる。たとえば
$$T^2 \cdot T^3 = T^5 = T^4 \cdot T^1 = T$$
ということである。また$U$が入る場合は，たとえば

　　　まず90°回転$T$を実行し，

　　　それから左右の裏返し$U$を実行する

第9章 Nクイーン問題と群論

と,その結果は

　　まず左右の裏返し$U$を実行し,

　　それから270°回転$T^3$を実行する

こととと同じである(図9-9):

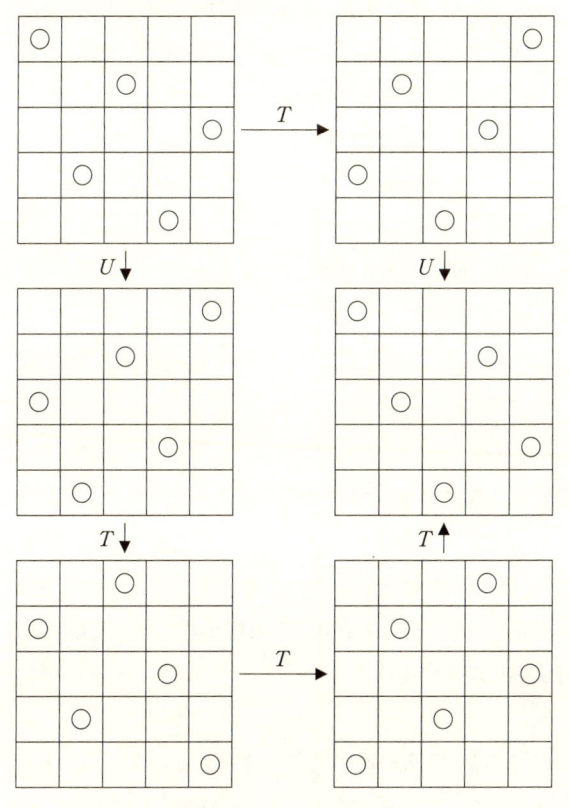

図 9-9　$T \cdot U = U \cdot T^3$

これは次のようにも書ける：

$T \cdot U = U \cdot T^3$

ここからほかの場合も，事実9-3 が正しいことが，次のような計算で確かめられる：

〈この辺の計算は，読者は飛ばしてもよい！〉

〈例〉 $(U \cdot T^2) \cdot (U \cdot T) = ((U \cdot T^2) \cdot U) \cdot T$
$= (U \cdot (T^2 \cdot U)) \cdot T = (U \cdot ((T \cdot T) \cdot U)) \cdot T$
$= (U \cdot (T \cdot (T \cdot U))) \cdot T$
$= (U \cdot (T \cdot (U \cdot T^3))) \cdot T$
$= (U \cdot ((T \cdot U) \cdot T^3)) \cdot T$
$= (U \cdot ((U \cdot T^3) \cdot T^3)) \cdot T$
$= ((U \cdot (U \cdot T^3)) \cdot T^3) \cdot T$
$= (((U \cdot U) \cdot T^3) \cdot T^3) \cdot T = ((E \cdot T^3) \cdot T^3) \cdot T$
$= (T^3 \cdot T^3) \cdot T = T^2 \cdot T = T^3$

このような性質をもつ有限個の変換の集団$G$は，**群**と呼ばれる。

**注意** 「群」の普通の定義とかけ離れているが，いわゆる「単位元の存在」や「逆元の存在」などの公理はすべて事実9-3（と結合法則）から導かれる。

この群$G$は，さらに次の性質もそなえている。

$N$クイーン問題の解に，$G$のどの変換を適用しても，
その結果はやはり解である。

第9章　Nクイーン問題と群論

もう少し詳しくいうと，次のようなことである。

---
**事実9-4**

Nクイーン問題の解の全体（集団，集合）を$S$とする。$G$のどの変換も，

　　　$S$全体から$S$全体への，1対1で洩れのない対応

になっている。

---

このことの形式的な証明は，関数記法に慣れていないとわかりにくいので省略するが，このようなとき，群$G$は「解の集合$S$に対する**変換群**である」と呼ばれる。


## 9.3　本質的に異なる解を数える

回転や裏返しでは移り変われない，つまり「本質的に異なる解」の個数を数えるには，次の方法が考えられる。

(1) コンピュータによって，すべての解を求め，記録する（「解のリスト」を作る）。

(2) 新しく解が見つかったときは，その解に回転や裏返しを施して，すでに見つかっている解と一致するかどうかを調べる。

(3) 回転や裏返し（とその組合せ）でこれまでの解のどれかと一致した解は，「解のリスト」から削除する。

最終的に「解のリスト」に残っている解は，「回転や裏返しで移り変われない」ので，その個数が「本質的に異なる解の個数」である。

実際，この方法と実行結果を発表した数学者・コンピュータ科学者がおられた。しかし操作(2)は煩雑で，とても時間がかかる。それよりは，群論で知られている次の定理を応用した方がよい。

---
**定理9-1（フロベニウスの定理）**

ある対象（$N$クイーン問題の解など）の集合$S$と，その集合$S$に対する変換群$G$を考える。$G$の中の変換の個数を$|G|$とし，

$V(X) = G$の中の変換$X$で変わらない，
　　　　$S$の中の対象の個数

とおくと，

$G$の中の変換$X$で，移り変われない
対象の総数 $M$

は，次の式で表される：

$M =$（すべての変換$X$についての，$V(X)$の総和）
　　　$\div |G|$

---

これでは抽象的すぎてわかりにくいと思うが，$N$クイーン問題に当てはめれば，次のようになる。

---
**定理9-2**

回転と裏返し，およびそれらの組合せで移り変われない解の個数$M$は，次の式で表される：

$$M = \frac{1}{8}(V(E) + V(T) + V(T^2) + V(T^3) + V(U)$$

$$+ V(UT) + V(UT^2) + V(UT^3))$$

すでに述べたとおり，裏返しを含む変換で「変わらない解」は存在しない。だから

$$V(U) = V(UT) = V(UT^2) = V(UT^3) = 0$$

である。また

90°回転で変わらない解は，270°回転でも変わらない

し，その逆も成り立つので，

$$V(T) = V(T^3)$$

が成り立つ。そこでこれらを上の式にあてはめると，次の式が導かれる：

### 定理9-3

回転と裏返し，およびそれらの組合せで移り変われない解の個数 $M$ は，次の式で表される：

$$M = \frac{1}{8}(V(E) + 2 \times V(T) + V(T^2))$$

$V(E)$ とは「何もしないで変わらない解の個数」，つまり解の総数に等しい。だから $V(E)$，$V(T)$，$V(T^2)$ のどれも表9-1で求められているので，あとは足し算と割り算だけで，$N=16$ までの「本質的に異なる解の個数」が得られる。

|   $N$   | 本質的に異なる<br>解の個数 |   $N$   | 本質的に異なる<br>解の個数 |
| :---: | :---: | :---: | :---: |
| 4 | 1 | 11 | 341 |
| 5 | 2 | 12 | 1787 |
| 6 | 1 | 13 | 9233 |
| 7 | 6 | 14 | 45752 |
| 8 | 12 | 15 | 285053 |
| 9 | 46 | 16 | 1846955 |
| 10 | 92 | | |

〈例〉 $N=8$ の場合,

  $V(E)=$ 解の総数 $=92$,

  $V(T)=90°$ 回転対称な解の数 $=0$,

  $V(T^2)=180°$ 回転対称な解の数 $=4$

から,

  本質的に異なる解の個数 $M$

  $=(92+2\times0+4)\div8=96\div8=12$

これは表9-1から,手計算でも算出できる。それがフロベニウスの定理の威力である!

参考までに,$N=6$ の場合のすべての解(図9-10),$N=8$ の場合の「180°回転で変わらない」すべての解(図9-11),$N=12$ の場合の「90°回転で変わらない」解の1つ(図9-12・257ページ図9-7とは異なるもの)を示しておこう。

第9章 Nクイーン問題と群論

1) $N=6$ の場合：回転と裏返しで，すべて互いに移り変われる。

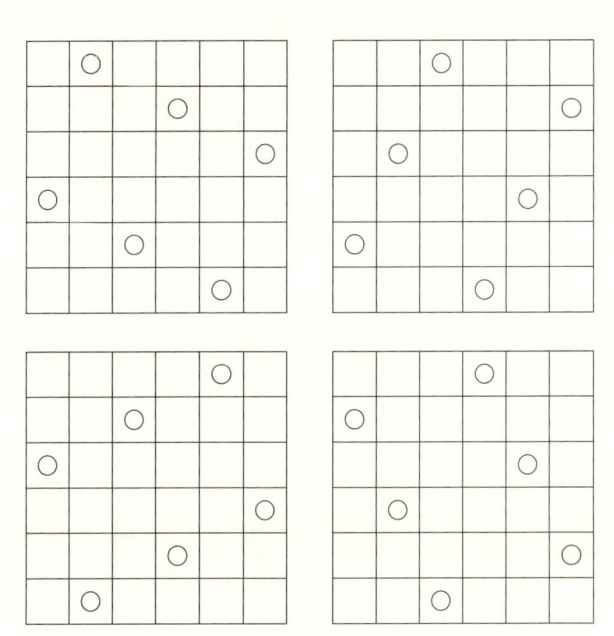

図9-10

2) $N=8$ の場合，180°回転で変わらない解：下の4つの解に限る。これらは回転と裏返しで，すべて互いに移り変われる……つまり，1種類しかない。

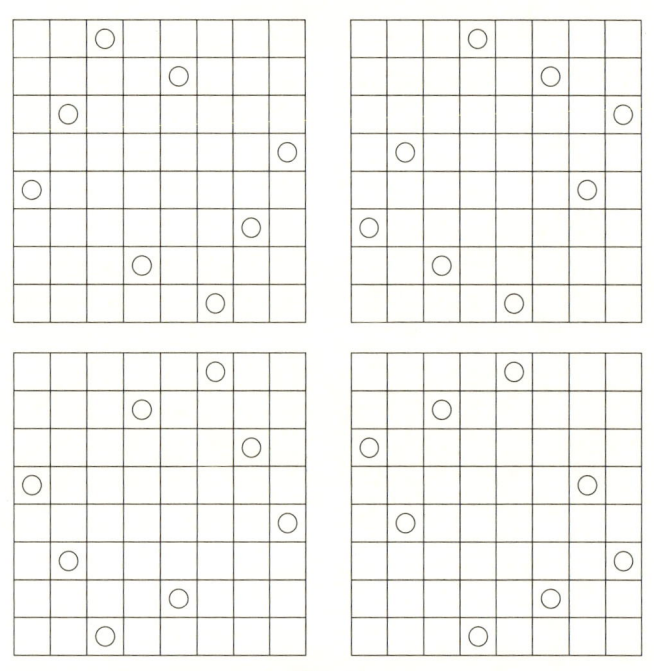

**図9-11**

第9章 Nクイーン問題と群論

3) $N=12$ の場合,90°回転で変わらない解の一例:

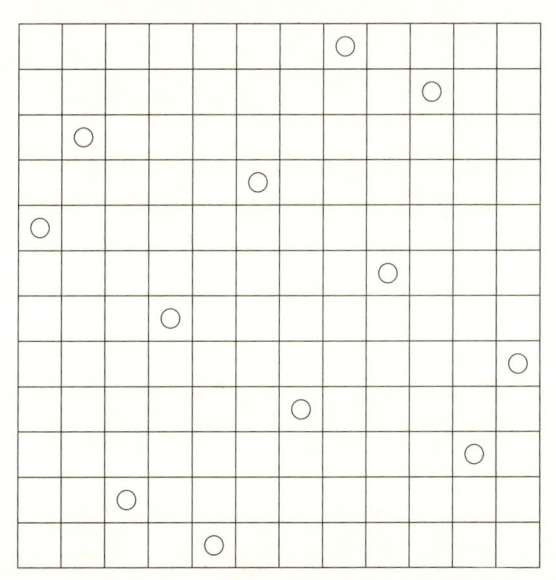

図9-12

**補足** ここで述べた「フロベニウスの定理」は,コーシーも言及しているため,「コーシー・フロベニウスの定理」と呼ぶ人もいる(ただし私は原典で確かめることができないでいる)。また最近の本では「バーンサイドの定理」と呼ばれることも多い。私は「フロベニウスの定理」に慣れているのでここでもそれを採用したが,「名前に深い意味はない」とお考えいただきたい(コーシーさんやバーンサイドさんはそうは思わないかもしれませんが……)。

## おわりに

　最近の世の中で心配なのは,香山リカさんのいう「情動の時代」(『キレる大人はなぜ増えた』朝日新書)で,考えることより感情が優先してしまう傾向である。これはひょっとすると,「ラクをしよう」ということなのかな,とも思うのであるが,たとえば試験のとき,じっくり考えて答を出すより,答を覚えてしまったほうがラクだとか,政治や経済の問題でも,むずかしく考えずに気分で決めてしまったほうがラクだ,と思う人が多いような気がする。

　しかし日本が今,経済的な繁栄を享受しているのは,ラクなどまるでできなかった世代の,たいへんな苦労のおかげなのである。「考える」ことをやめて,政治や経済まで感情で流されて行ったら,1941年にアメリカに無謀な戦争を仕掛け,結局惨敗したのと似たような悲劇が,また起こってしまうのではないだろうか？

　それは心配のしすぎだとしても,怪しげな新興宗教や悪徳セールスに手もなくひっかかる人たちを見ていると,もう少し「考える」習慣を広めたほうがよさそうである。それには,「考える」ことの楽しさを伝え,「わかる」ことのうれしさを体験してもらうのが一番であろう——「数え上げ理論」の解説を書きながら,私がいつも考えていたのは,そのようなことであった。

私は「数え上げ理論」の専門家ではないが，ベルジュの『組合せ論の基礎』（サイエンス社）を訳してから，この分野のおもしろさに取りつかれた。私がこんなに楽しんだのだから，読者の方にも楽しんでいただけるに違いない——と思いながら書いたのは事実であるが，実際に楽しんでいただくには，おそらく読者の方々の好意的なご協力が欠かせないであろう。むずかしいところは飛ばして，気が向いたら前に戻るなど，上手におつきあいくださることを，お願い申し上げたい。

　本書が完成するまで，思ったより時間がかかったが，「時間をかけた分だけ，（私としては）内容がよくなった」というのが率直な感想である。体裁だけでなく内容にも立ち入って建設的な意見を出された講談社の志賀恭子さんに，厚くお礼を申し上げたい。

2008年10月15日<br>
野﨑昭弘

## さくいん

### 〔数字・アルファベット〕

1対1で洩れのない対応　42, 154
8クイーン　252
$c_n$（カタラン数）　142
$e$（自然対数の底）　180
$F_n$（フィボナッチ数）　131
$k$乗和の公式　233
$_mC_n$（組合せの数）　57
$_mS_n$（スターリング数）　187
$n!$（階乗）　34
$N$クイーン問題　253
$n$段の地図　142
$p(m)$（分割数）　113
$p(m, n)$（$n$個の部分への分割の数）　108

### 〔あ行〕

あみだくじ　46
アンドリュース　113
裏返し（解の）　255
枝分かれ　21
エレファントな解法　76
オイラー　15, 118
オイラーの定理　118
黄金比　133
オッズ　190

### 〔か行〕

階乗　34
解析学　231
解析学のパンチ力　237
回転（解の）　255
解と係数の関係（2次方程式の）　241
解の変換　264, 268
確率　16, 27, 91, 166, 190
確率の地図　85
確率の分布図　92
確率の和　166
確率の和の法則　167
重ね合わせ（変換の）　269
カタラン数　142, 157, 160
カタラン数の公式　159, 160
括要算法　246
関数記法　231
木　21
幾何学の透明性　217
利き筋　252
期待値　190, 192
木下藤吉郎　41
逆対応の術　49, 119, 154
組合せ　54, 55
組合せの数　57
群　272
構文解釈　138, 154

| | |
|---|---|
| 構文解析 | 161 |
| 構文の木 | 138 |
| 公平な賭け | 192 |

### 〔さ行〕

| | |
|---|---|
| さいころ | 94 |
| さいころ賭博 | 190 |
| 差分方程式 | 209 |
| 自然数の和 | 219 |
| 自然数の和の公式 | 220 |
| 樹形図 | 21 |
| 朱世傑 | 76 |
| 順列 | 30, 51, 55 |
| 塵劫記 | 125 |
| スターリング数 | 187 |
| 制限された地図 | 141 |
| 関・ベルヌーイ数 | 245 |
| 関孝和 | 246 |
| 漸化式 | 113, 132, 205 |
| 線形差分方程式 | 209 |
| 曾呂利新左衛門 | 124 |

### 〔た行〕

| | |
|---|---|
| 対応洩れがない | 187 |
| 単利法 | 127 |
| チェス | 252 |
| 重複 | 20, 31, 166 |
| 等比級数の公式 | 240 |
| 特性方程式 | 210 |
| 独立性 | 94 |
| 閉じた公式 | 113, 132, 159, 206, 211 |
| 凸$n$角形の三角形分割 | 150 |
| 賭博 | 189 |

### 〔な行〕

| | |
|---|---|
| ナポリタン・マルチンゲール法 | 200 |
| 二項定理 | 84 |
| ねずみ算 | 125, 138 |

### 〔は行〕

| | |
|---|---|
| 場合分け | 21, 83 |
| 倍賭け法 | 197 |
| 排反 | 167 |
| パスカル | 76 |
| パスカル式・確率の分布図 | 93 |
| パスカルの三角形 | 75, 81, 142 |
| 引き込み線 | 146 |
| ビネの公式 | 132, 216, 242 |
| フィボナッチ | 129 |
| フィボナッチ数 | 131, 160, 215, 238 |
| 複利法 | 126 |
| 部分分数への分解 | 240 |
| プレゼント交換 | 171 |
| フロベニウスの定理 | 274 |
| 分割 | 103, 105 |
| 分割数 | 113 |
| 平方数 | 217, 218 |
| 平方和の公式 | 223 |
| ベルヌーイ | 246 |
| 変換群 | 273 |
| 変換の重ね合わせについての結合法則 | 270 |
| 包除原理 | 171, 183 |
| 母関数 | 238 |
| 本質的に異なる解 | 258, 273 |

### 〔ま行〕

| | |
|---|---|
| 松ぼっくり | 134 |
| マルチンゲール法 | 196 |
| 道順の数 | 72, 78, 141 |
| 無限級数 | 118 |
| 無限和の変形技術 | 242 |
| モンテカルロ法 | 198 |

### 〔や・ら・わ行〕

| | |
|---|---|
| 吉田光由 | 125 |
| 立方数 | 223 |
| 立方数の和の公式 | 226 |
| 連立1次方程式 | 228 |
| 分かち書き | 137, 161 |
| 分かち書きの数 | 160 |

N.D.C.410　284p　18cm

ブルーバックス　B-1619

# 離散数学「数え上げ理論」
「おみやげの配り方」から「Nクイーン問題」まで

2008年11月20日　第1刷発行
2022年10月7日　第10刷発行

| | | |
|---|---|---|
| 著者 | 野﨑昭弘（のざきあきひろ） | |
| 発行者 | 鈴木章一 | |
| 発行所 | 株式会社講談社 | |
| | 〒112-8001 東京都文京区音羽2-12-21 | |
| 電話 | 出版　03-5395-3524 | |
| | 販売　03-5395-4415 | |
| | 業務　03-5395-3615 | |
| 印刷所 | （本文印刷）株式会社KPSプロダクツ | |
| | （カバー表紙印刷）信毎書籍印刷株式会社 | |
| 本文データ制作 | 株式会社さくら工芸社 | |
| 製本所 | 株式会社国宝社 | |

定価はカバーに表示してあります。
©野﨑昭弘　2008, Printed in Japan
落丁本・乱丁本は購入書店名を明記のうえ、小社業務宛にお送りください。送料小社負担にてお取替えします。なお、この本についてのお問い合わせは、ブルーバックス宛にお願いいたします。
本書のコピー、スキャン、デジタル化等の無断複製は著作権法上での例外を除き禁じられています。本書を代行業者等の第三者に依頼してスキャンやデジタル化することはたとえ個人や家庭内の利用でも著作権法違反です。
Ⓡ〈日本複製権センター委託出版物〉複写を希望される場合は、日本複製権センター（電話03-6809-1281）にご連絡ください。

ISBN978-4-06-257619-2

## 発刊のことば

### 科学をあなたのポケットに

二十世紀最大の特色は、それが科学時代であるということです。科学は日に日に進歩を続け、止まるところを知りません。ひと昔前の夢物語もどんどん現実化しており、今やわれわれの生活のすべてが、科学によってゆり動かされているといっても過言ではないでしょう。

そのような背景を考えれば、学者や学生はもちろん、産業人も、セールスマンも、ジャーナリストも、家庭の主婦も、みんなが科学を知らなければ、時代の流れに逆らうことになるでしょう。

ブルーバックス発刊の意義と必然性はそこにあります。このシリーズは、読む人に科学的に物を考える習慣と、科学的に物を見る目を養っていただくことを最大の目標にしています。そのためには、単に原理や法則の解説に終始するのではなくて、政治や経済など、社会科学や人文科学にも関連させて、広い視野から問題を追究していきます。科学はむずかしいという先入観を改める表現と構成、それも類書にないブルーバックスの特色であると信じます。

一九六三年九月

野間省一